Lecture Notes in Mathematics

A collection of informal reports and seminars
Edited by A. Dold, Heidelberg and B. Eckmann, Zürich

48

G. de Rham · S. Maumary
M. A. Kervaire
Université de Lausanne

Torsion et Type Simple d'Homotopie

Exposés faits au Séminaire de Topologie
de l'Université de Lausanne

1967

Springer-Verlag · Berlin · Heidelberg · New York

Library of Congress Catalog Card Number 67-31231. Printed in Germany. Title No. 7368.

INTRODUCTION

Ces Notes reproduisent des exposés faits au Séminaire de Topologie de l'Université de Lausanne, durant l'année 1963-64 sauf un en 1960. Les deux premières éditions, multicopiées à un nombre restreint d'exemplaires, étant épuisées, nous les reproduisons ici sans changement, sauf quelques corrections mineures, pour répondre à de nombreuses demandes. Nous espérons qu'elles seront utiles comme introduction à une belle théorie qui est encore en plein développement. Pour les travaux plus récents, nous renvoyons le lecteur à l'excellent article de J. Milnor : " Whitehead Torsion ", Bulletin of the Am. Math. Soc. vol 72 (1966), p 358-426.

G. de Rham

TABLE DES MATIERES

I. PROPRIETES DES SOMMES DE GAUSS ET DES SERIES DE DIRICHLET

THEOREME DE FRANZ

Exposé de G. de Rham

Le but de cet exposé est de rassembler ce qui est nécessaire pour comprendre la démonstration d'un théorème de théorie des nombres, le théorème de Franz, qui intervient dans un problème de topologie (classification des espaces lenticulaires et difféomorphie des rotations). Seules les démonstrations des propriétés les plus simples des caractères (mod m) et des séries de Dirichlet n'ont pas été rappelées. En passant on a reproduit la démonstration du célèbre théorème de Dirichlet relatif aux nombres premiers d'une progression arithmétique. L'exposé se termine par le théorème de Franz.

1. Caractères (mod m)

On appelle <u>caractère (mod m)</u> toute fonction arithmétique $\chi(n)$ jouissant des propriétés suivantes :

1) $\chi(a) = \chi(b)$ si $a \equiv b \pmod m$
2) $\chi(ab) = \chi(a)\,\chi(b)$ pour tous entiers a et b
3) $\chi(a) = 0$ si $(a,m) > 1$, $\chi(a) \neq 0$ si $(a,m) = 1$

Il existe $\phi(m)$ caractères (mod m), qui forment par rapport à la multiplication un groupe abélien, isomorphe au groupe multiplicatif $R(m)$ des classes résiduelles (mod m) premières à m. L'élément unité de ce groupe est le caractère principal χ_0 tel que $\chi_0(a) = 1$ si $(a,m) = 1$.

On a les relations suivantes

$$(1.1)\qquad \sum_{n \pmod m} \chi(n) = \begin{cases} \phi(m) & \text{si } \chi=\chi_0 \\ 0 & \text{si } \chi\neq\chi_0 \end{cases} \qquad \sum_{\chi} \chi(n) = \begin{cases} \phi(m) & \text{si } n\equiv 1 \pmod m \\ 0 & \text{si } n\not\equiv 1 \pmod m \end{cases}$$

(On trouvera la démonstration par exemple, dans E. Hecke : Theorie der algebraischen Zahlen). De ces relations on va déduire la proposition suivante :

PROPOSITION (1.2) : Si les $\phi(m)$ *nombres* a_n *, associés à un système complet de restes* (mod m) *premiers à* m *parcouru par* n *, satisfont à* $\sum_n a_n \chi(n) = 0$ *pour tout caractère* χ(mod m) *, ces nombres sont nuls.*

Soit en effet n_0 une valeur particulière quelconque de n et n_1 tel que $n_0 n_1 \equiv 1 \pmod m$. On a alors

$$0 = \sum_{\chi} \chi(n_1) \sum_{n} a_n \chi(n) = \sum_{n} a_n \sum_{\chi} \chi(nn_1) = a_{n_0} \phi(m)$$

en vertu de (1.1) , d'où $a_{n_0} = 0$.

On appelle conducteur du caractère χ(mod m) le plus petit entier $f>0$ tel que $\chi(a) = 1$ pour tout entier a satisfaisant à $(a,m) = 1$ et $a \equiv 1 \pmod f$.

Il est évident que $f \leq m$. Montrons que f divise m . Pour cela, posons $(f,m) = f_0$. Soit a un entier satisfaisant à $(a,m) = 1$ et $a \equiv 1 \pmod{f_0}$. On peut trouver des entiers y et z satisfaisant à $a-1 = ym + zf$, d'où en posant $x = a-ym = 1+zf$, $x \equiv a \pmod m$ et $x \equiv 1 \pmod f$. Cela entraîne $\chi(x) = \chi(a)$ et $\chi(x) = 1$, donc $\chi(a) = 1$. Par suite f_0 ne peut être inférieur à f, donc $f = f_0$ et f/m . Le conducteur d'un caractère (mod m) est un diviseur de m .

Si $f = m$, on dit que le caractère est propre.

PROPOSITION (1.3) : Si f *est un diviseur de* m *, tout système complet de restes* (mod m) *premiers à* m *est la réunion de* $\frac{\phi(m)}{\phi(f)}$ *systèmes complets de restes* (mod f) *premiers à* f .

Montrons d'abord que tout système complet de restes (mod m) premiers à m contient un système complet de restes (mod f) premiers à f, c'est-à-dire que tout entier a premier à f est congru (mod f) à un entier premier à m. Soit m_0 le produit des facteurs premiers de m qui ne divisent pas f. On peut alors trouver des entiers y et z satisfaisant à $yf+zm_0 = a-1$, et l'entier $x = a-yf = 1+zm_0$, étant premier à f et à m_0, est premier à m et satisfait à $x \equiv a (\mathrm{mod}\ f)$.

Si $(a,m) = (b,m) = 1$, et si $b \equiv aa' (\mathrm{mod}\ m)$, pour que $b \equiv a\ (\mathrm{mod}\ f)$ il faut et il suffit que $a' \equiv 1\ (\mathrm{mod}\ f)$. Un système complet de restes (mod m) premiers à m se divise alors en classes, (mod f). Il y a $\phi(f)$ classes, chacune contient $\frac{\phi(m)}{\phi(f)}$ nombres.

La proposition (1.3) résulte immédiatement de là. (Cela est lié au fait que $R(f)$ est canoniquement isomorphe au quotient de $R(m)$ par le sous-groupe formé des classes résiduelles (mod m) dont les nombres sont congrus à 1 (mod f).

<u>*PROPOSITION (1.4)*</u> *: A tout caractère* $\chi(\mathrm{mod}\ m)$ *de conducteur* f *est associé un caractère propre* $\chi'(\mathrm{mod}\ f)$ *, tel que* $\chi = \chi_0\,\chi'$, χ_0 *étant le caractère principal* (mod m) .

On définit $\chi'(a)$, pour $(a,f) = 1$, en choisissant x tel que $(x,m) = 1$ et $x \equiv a\ (\mathrm{mod}\ f)$, et posant $\chi'(a) = \chi(x)$. Cette valeur ne dépend pas du choix de x, car si $(x,m) = (y,m) = 1$ et $x \equiv y\ (\mathrm{mod}\ f)$, on a $y \equiv xx'\ (\mathrm{mod}\ m)$ avec $x' \equiv 1 (\mathrm{mod}\ f)$, donc $\chi(x') = 1$ et $\chi(y) = \chi(x)$.

Remarquons que le caractère principal a un conducteur égal à 1, et il n'y a pas de caractère dont le conducteur est égal à 2, car il n'y a pas de caractère propre (mod 2), le seul caractère (mod 2) étant le caractère principal.

2. Propriétés des sommes de Gauss

On appelle somme de Gauss toute expression de la forme

$$G(\chi,\zeta) = \sum_{\ell (\mathrm{mod}\ m)} \chi(\ell)\, \zeta^{\ell}$$

où χ est un caractère (mod m) et ζ une racine m-ième de l'unité.

PROPOSITION (2.1) : Si χ *est un caractère propre* (mod m) *et* ζ *une racine primitive m-ième de l'unité, on a* $G(\chi,\zeta^k) = \overline{\chi}(k)\, G(\chi,\zeta)$ *pour tout entier* k *et* $|G(\chi,\zeta)| = \sqrt{m}$.

Démonstration : Supposons d'abord $(k,m) = 1$. Alors $\chi(\ell) = \chi(k\ell)\,\overline{\chi}(k)$ d'où $G(\chi,\zeta^k) = \overline{\chi}(k) \sum_{\ell (\mathrm{mod}\ m)} \chi(k\ell)\, \zeta^{k\ell} = \overline{\chi}(k)\, G(\chi,\zeta)$ (car $k\ell$ parcourt un système complet de restes (mod m) en même temps que ℓ). Remarquons que nous n'avons pas dû supposer que ζ soit une racine primitive m-ième de l'unité.

Si ζ n'est pas une racine primitive m-ième de l'unité, et $\zeta^d = 1$ pour un vrai diviseur d de m , comme χ est propre, on peut trouver un entier k tel que $(k,m) = 1$, $k \equiv 1 \pmod{d}$ et $\chi(k) \neq 1$. Alors $\zeta^k = \zeta$ et la relation ci-dessus montre que $G(\chi,\zeta) = 0$.

Supposons maintenant $(k,m)>1$. Alors ζ^k n'est pas une racine primitive m-ième de l'unité, donc $G(\chi,\zeta^k) = 0$, et comme $\chi(k) = 0$, la première partie de (2.1) est établie.

Pour établir la seconde partie, remarquons que

$$\sum_{n (\mathrm{mod}\ m)} |G(\chi,\zeta^n)|^2 = \phi(m)\,|G(\chi,\zeta)|^2$$

car en vertu de la relation qu'on vient d'établir, les termes de la somme non nuls sont tous égaux et il y en a $\phi(m)$.

Ensuite on a :

$$\sum_{n \pmod m} |G(\chi,\zeta^n)|^2 = \sum_{n \pmod m} \sum_{\ell,k} \chi(\ell)\,\overline{\chi}(k)\,\zeta^{n(\ell-k)} =$$

$$= \sum_{\ell,k} \chi(\ell)\,\overline{\chi}(k) \sum_{n \pmod m} \zeta^{n(\ell-k)} =$$

$$= m \sum_{\ell \equiv k \pmod m} \chi(\ell)\,\overline{\chi}(k) = m\,\phi(m)$$

donc $|G(\chi,\zeta)| = \sqrt{m}$.

<u>Note</u> : Cette démonstration est dûe à M. Raghavan Narasimhan et m'a été obligemment communiquée par M. Chandrasekharan.

<u>*PROPOSITION*</u> *(2.2) : Si* χ *est un caractère* (mod m) *de conducteur* f *et* ζ *une racine primitive* *f-ième de l'unité, on a,* χ' *étant le caractère propre* (mod f) *associé à* χ *,*

$$G(\chi,\zeta^k) = \frac{\phi(m)}{\phi(f)}\,G(\chi',\zeta^k)$$

et par suite $G(\chi,\zeta^k) = \overline{\chi}'(k)\,G(\chi,\zeta)$ *pour tout entier* k *et*

$$|G(\chi,\zeta)| = \frac{\phi(m)}{\phi(f)}\sqrt{f} \quad .$$

Il résulte en effet immédiatement de (1.3) que

$$G(\chi,\zeta^k) = \frac{\phi(m)}{\phi(f)}\,G(\chi',\zeta^k)$$

et la proposition (2.2) résulte alors de (2.1) appliquée à $G(\chi',\zeta^k)$, m étant remplacé par f .

3. Séries de Dirichlet

On démontre, en utilisant la transformation d'Abel, que si la série $f(s) = \sum_1^\infty \frac{a_n}{n^s}$ converge pour $s = s_0 = \sigma_0 + it_0$ elle converge uniformément dans l'angle du plan de la variable complexe $s = \sigma + it$ défini par $|s-s_0| \leq H(\sigma-\sigma_0)$ quel que soit $H>0$. En désignant par α la borne inférieure des abscisses des points où la série converge, on en déduit que la série converge pour $\sigma>\alpha$, diverge pour $\sigma<\alpha$, et sa somme $f(s)$ est holomorphe dans le demi-plan $\sigma>\alpha$. Le nombre α est appelé abscisse de convergence de la série.

En utilisant encore la transformation d'Abel, on démontre que si les sommes $S_n = \sum_1^n a_k$ sont bornées, la série converge pour $\sigma>0$. Par suite :

PROPOSITION : Si χ *est un caractère* (mod m) *différent du caractère principal,* $L(s,\chi) = \sum_{n=1}^\infty \frac{\chi(n)}{n^s}$ *converge et est holomorphe pour* $\sigma>0$, *car* S_n *est alors une fonction périodique de* n, *de période* m, *et est donc bornée.*

L'abscisse de convergence de la série $\sum_1^\infty \frac{1}{n^s}$ est égale à 1, mais l'on sait que sa somme, la fonction de Riemann $\zeta(s)$ peut être prolongée analytiquement dans tout le plan, où elle n'a qu'un point singulier, un pôle simple au point $s = 1$. Pour la suite, il suffit de savoir que $\zeta(s)$ se laisse prolonger dans le demi-plan $\sigma>0$, ce qu'on établit rapidement en remarquant que, quel que soit l'entier $a>0$.

$$\left(1-\frac{a}{a^s}\right) \zeta(s) = \sum_1^\infty \frac{a_n}{n^s} \quad \text{avec} \quad a_n = \begin{cases} 1 & \text{si } n \not\equiv 0 \pmod a \\ 1-a & \text{si } n \equiv 0 \pmod a \end{cases}.$$

Les sommes S_n sont bornées, de sorte que cette série converge et sa somme est holomorphe dans le demi-plan $\sigma>0$. Le seul zéro commun à toutes les fonctions entières $1 - \frac{a}{a^s} = 1 - e^{-(s-1)\log a}$ étant $s = 1$, $\zeta(s)$ est holomorphe dans le demi-plan $\sigma>0$ sauf au point 1. En prenant $a = 2$ on vérifie que 1 est pôle simple de $\zeta(s)$ avec résidu 1 .

<u>*PROPOSITION*</u> *(3.1) : Si* α *est l'abscisse de convergence de* $f(s) = \sum_1^\infty \frac{a_n}{n^s}$ *et si* $a_n>0$ *,* α *est un point singulier de* $f(s)$ *.*

<u>Démonstration</u> : Si α n'était pas point singulier de $f(s)$ la série de taylor de $f(s)$ relative au point $s_0 = \alpha+\delta$ $(\delta>0)$ de l'axe réel convergerait en un point $s_1<\alpha$. Cette série est

$$f(s_1) = \sum_{k=0}^{\infty} \frac{f^{(k)}(s_0)}{k\,!} (s_1-s_0)^k = \sum_{k=0}^{\infty} \sum_{n=1}^{\infty} a_n \frac{(s_0-s_1)^k \log^k n}{k!\; n^{s_0}}$$

comme tous les termes sont >0 , on peut changer l'ordre des sommations, et

$$f(s_1) = \sum_{n=1}^{\infty} \frac{a_n}{n^{s_0}} \sum_{k=0}^{\infty} \frac{(s_0-s_1)^k \log^k n}{k\,!} = \sum_{n=1}^{\infty} \frac{a_n}{n^{s_0}} e^{(s_0-s_1)\log n} =$$

$$= \sum_{n=1}^{\infty} \frac{a_n}{n^{s_1}} .$$

Cette série serait convergente, ce qui est impossible puisque $s_1<\alpha$. Donc α est un point singulier.

PROPOSITION (3.2) : Si χ *est un caractère* (mod m) *distinct du caractère principal, on a* $L(1,\chi) \neq 0$.

Pour la démonstration, on utilisera l'identité d'Euler

$$L(s,\chi) = \prod_p \left(1 - \frac{\chi(p)}{p^s}\right)^{-1}$$

où p parcourt tous les nombres premiers. En particulier

$\zeta(s) = \prod_p \left(1 - \frac{1}{p^s}\right)^{-1}$, et si χ_0 est le caractère principal

(mod m) $L(s,\chi_0) = \prod_p \left(1 - \frac{\chi_0(p)}{p^s}\right)^{-1} = \prod_{p \nmid m} \left(1 - \frac{1}{p^s}\right)^{-1} =$

$= \zeta(s) \prod_{p|m} \left(1 - \frac{1}{p^s}\right)$ de sorte que $L(s,\chi_0)$ a, comme $\zeta(s)$, un pôle simple au point $s = 1$ et pas d'autre point singulier dans le demi-plan $\sigma > 0$.

Si l'une des fonctions $L(s,\chi)$, où χ est un caractère (mod m) distinct du caractère principal, s'annulait au point $s = 1$ le produit $P(s) = \prod_\chi L(s,\chi)$, étendu à tous les caractères (mod m), serait holomorphe dans le demi-plan $\sigma>0$. Pour établir (3.2), il suffira donc de montrer que $P(s)$ n'est pas holomorphe dans tout le demi-plan $\sigma>0$.

L'identité d'Euler entraîne, pour $\sigma>1$

$$\log L(s,\chi) = \sum_{p,k} \frac{\chi(p^k)}{kp^{ks}}$$

d'où pour la fonction $\log P(s) = Q(s)$, l'expression

$$Q(s) = \sum_{p,k} \frac{1}{kp^{ks}} \sum_\chi \chi(p^k) = \phi(m) \sum_{p^k \equiv 1 (\mathrm{mod}\ m)} \frac{1}{kp^{ks}}$$

On a ainsi un développement de $Q(s)$ en série de Dirichlet, où le coefficient a_n est égal à $\frac{\phi(m)}{k}$ si $n = p^k \equiv 1 \pmod m$ et à 0 si n n'est pas une puissance d'un nombre premier ou n'est pas congru à 1 (mod m).

Pour s réel, les termes de cette série sont ≥ 0. En ne conservant que ceux pour lesquels $k = \phi(m)$, la condition $p^k \equiv 1 \pmod m$ étant alors vérifiée pour tout p premier qui ne divise pas m, on a la minoration

$$Q(s) > \sum_p \frac{1}{p^{s\phi(m)}}$$

Cette série divergeant pour $s = \frac{1}{\phi(m)}$, l'abscisse de convergence α de $Q(s)$ est $\geq \frac{1}{\phi(m)}$.

Le produit de deux séries de Dirichlet à termes ≥ 0 se réduit à une série de Dirichlet à termes ≥ 0, qui converge lorsque les premières convergent. Par suite toutes les puissances $Q^n(s)$ sont des séries de Dirichlet qui convergent en même temps que Q, et il en sera de même pour

$$P(s) = e^{Q(s)} = 1 + Q(s) + \frac{Q^2(s)}{2!} + \dots + \frac{Q^n(s)}{n!} + \dots \quad .$$

La série de Dirichlet $P(s)$ étant majorée par $Q(s)$, elle a même abscisse de convergence α. D'après (3.1), α est un point singulier de $P(s)$, qui n'est donc pas holomorphe dans tout le demi-plan $\sigma>0$, ce qui achève la démonstration. (Remarque : il en résulte que $\alpha = 1$).

<u>Note</u> : La démonstration ci-dessus m'a été communiquée par M. Chandrasekharan qui me signale qu'une démonstration analogue a été donnée par M. Siegel dans ses cours. L'idée remonte semble-t-il à Landau et Hecke.

4. Théorème de Dirichlet

Nous allons établir, en passant, le célèbre théorème de Dirichlet :

<u>*THEOREME*</u> *: Si* (a,m) = 1, *il existe une infinité de nombres premiers congrus à* a (mod m).

L'expression de log L(s,χ) déduite ci-dessus de l'identité d'Euler peut s'écrire, en séparant les termes pour lesquels k = 1

$$\log L(s,\chi) = \sum_p \frac{\chi(p)}{p^s} + \sum_p \sum_{k=2}^{\infty} \frac{\chi(p^k)}{kp^{ks}} \quad .$$

La dernière série est majorée en valeur absolue par

$$\sum_p \left(\frac{1}{2p^{2s}} + \frac{1}{3p^{3s}} + \ldots\right) < \sum_p \frac{1}{2p^{2s}(1-p^{-s})} < \sum_p \frac{1}{p^{2s}} < \zeta(2s)$$

et reste donc bornée pour $s \to 1 + 0$. Si χ n'est pas le caractère principal, log L(s,χ) reste aussi borné, puisque $L(1,\chi) \neq 0$. Par suite, $\sum_p \frac{\chi(p)}{p^s}$ reste aussi borné pour $s \to 1 + 0$.

Pour le caractère principal, $L(s,\chi_0)$ ayant un pôle simple en $s = 1$ on a

$$\log L(s,\chi_0) \sim \log \frac{1}{s-1} \quad \text{et par suite} \quad \sum_p \frac{\chi_0(p)}{p^s} = \sum_{p \nmid m} \frac{1}{p^s} \sim \log \frac{1}{s-1}$$

Considérons alors la série $\sum_{p \equiv a (\mathrm{mod}\ m)} \frac{1}{p^s}$. Si b est un entier tel que $ab \equiv 1 \pmod m$, on a d'après (1.1),

$$\sum_\chi \chi(pb) = \begin{cases} \phi(m) & \text{si } p \equiv a \pmod m \\ 0 & \text{si } p \not\equiv a \pmod m \end{cases} \quad .$$

Par suite

$$\sum_{p\equiv a(\mathrm{mod}\ m)} \frac{1}{p^s} = \frac{1}{\phi(m)} \sum_p \frac{1}{p^s} \sum_\chi \chi(pb) = \frac{1}{\phi(m)} \sum_\chi \chi(b) \sum_p \frac{\chi(p)}{p^s}$$

Pour $s \to 1+0$, seule la série relative au caractère principal n'est pas bornée, de sorte que

$$\sum_{p\equiv a(\mathrm{mod}\ m)} \frac{1}{p^s} \sim \frac{1}{\phi(m)} \log \frac{1}{s-1}$$

La série $\sum_{p\equiv a(\mathrm{mod}\ m)} \frac{1}{p}$ est donc divergente, ce qui établit le théorème.

5. Le théorème de Franz

THEOREME : *Soient* $\phi(m)$ *entiers* a_n *, définis pour* $(n,m) = 1$ *et ne dépendant que du reste de* n $(\mathrm{mod}\ m)$*, satisfaisant aux conditions suivantes :*

1) $\sum_n a_n = 0$

2) $a_{-n} = a_n$

3) $\prod_n (1-\zeta^n)^{a_n} = 1$ *pour tout* $\zeta \neq 1$ *tel que* $\zeta^m = 1$

l'indice n *parcourant toujours un système complet de restes* $(\mathrm{mod}\ m)$ *premiers à* m *. Alors tous les* a_n *sont nuls.*

D'après (1.2), pour établir ce théorème, il suffit de montrer que $\sum_n a_n \chi(n) = 0$ pour tout caractère $\chi(\mathrm{mod}\ m)$. Pour le caractère principal, cela résulte de *1)* , et si $\chi(-1) = -1$ cela résulte de *2)* . On peut donc supposer χ non principal et $\chi(-1) = 1$.

On déduit alors de *3)* :

$$\log 1 = \sum_n a_n \log(1-\zeta^n) = -\sum a_n \sum_{k=1}^{\infty} \frac{\zeta^{kn}}{k} \quad .$$

Comme $a_n = a_{-n}$, cette dernière somme est réelle et sa valeur est donc 0, détermination principale de log 1. On peut aussi remplacer ζ par ζ^j et l'on a

$$\sum_n a_n \sum_{k=1}^{\infty} \frac{\zeta^{kjn}}{k} = 0 \quad .$$

En multipliant par $\overline{\chi}(j) = \overline{\chi}(nj)\ \chi(n)$ et sommant, j parcourant comme n un système complet de restes (mod m) premiers à m , il vient

$$(*) \qquad \sum_{k=1}^{\infty} \frac{1}{k} \sum_{j,n} a_n\ \chi(n)\ \overline{\chi}(nj)\ \zeta^{knj} = 0 \quad .$$

Mais $\sum_j \overline{\chi}(nj)\ \zeta^{knj} = \sum_j \overline{\chi}(j)\ \zeta^{kj} = G(\overline{\chi},\zeta^k)$, et d'après (2.2),

si le conducteur de χ est f et si ζ est une racine primitive f-ième de l'unité, on a, pour tout entier k :

$$G(\overline{\chi},\zeta^k) = \chi'(k)\ G\ (\overline{\chi},\zeta) \ ,$$

$\chi'(k)$ étant le caractère propre (mod f) associé à χ . Par suite (*) devient

$$\sum_n a_n \chi(n) \quad . \ G\ (\overline{\chi},\zeta) \quad . \ L\ (1,\chi') = 0 \quad .$$

Comme $G(\overline{\chi},\zeta) \neq 0$ en vertu de (2.2) et $L(1,\chi') \neq 0$ en vertu de (3.2), il en résulte $\sum_n a_n\ \chi(n) = 0$. cqfd.

Référence : W. Franz. Ueber die Torsion einer Ueberdeckung. (Journal für die reine und angewandte Mathematik, vol. 173 (1935)).

II. TORSION D'UN COMPLEXE A AUTOMORPHISMES

Exposé de G. de Rham

1. La notion de (A,G)-système

Soit A un anneau ayant un élément unité et G un groupe d'unités de A, c'est-à-dire un sous-groupe du groupe multiplicatif des éléments inversibles de A. Si C est un A-module libre de rang fini, à partir d'une base $e_1, e_2, \dots, e_m$ de C on peut obtenir d'autres bases par les opérations suivantes :

(a) permuter $e_1, e_2, \dots, e_m$

(b) remplacer l'un des e_i par $\pm \gamma e_i$, où $\gamma \in G$

(c) remplacer e_i par $e_i + \lambda e_j$, où $\lambda \in A$ et $j \neq i$.

Nous appellerons G-famille de bases de C l'ensemble de toutes les bases qui peuvent se déduire de l'une d'elles par un nombre fini quelconque de ces opérations. L'ensemble de toutes les bases de C se divise ainsi en G-familles deux à deux disjointes.

Nous appellerons (A,G)-système l'ensemble de deux A-modules libres de rang fini, C' et C'', munis chacun d'une G-famille déterminée de bases, qu'on appellera bases distinguées, avec un endomorphisme ∂ de $C' \oplus C''$ tel que

$$\partial C' \subset C'' \quad , \quad \partial C'' \subset C' \quad \text{et} \quad \partial^2 = 0 \quad .$$

Les restrictions de ∂ à C' et à C'' sont aussi des homomorphismes de C' dans C'' et de C'' dans C' dont les produits sont nuls. Soient $H' = \partial C''$ et $H'' = \partial C'$ les images de ces homomorphismes, $F' = C' \cap \partial^{-1} 0$ et $F'' = C'' \cap \partial^{-1} 0$ leurs noyaux. On a $H' \subset F' \subset C'$ et $H'' \subset F'' \subset C''$. Les modules quotients $B' = F'/H'$ et $B'' = F''/H''$ sont appelés les modules de Betti (ou modules d'homologie) du système. Se ces modules se réduisent à zéro, le système est dit acyclique.

Soient S_1 et S_2 deux (A,G)-systèmes, formés des A-modules C'_1 , C''_1 et C'_2 , C''_2. Un isomorphisme de S_1 sur S_2 consiste en isomorphismes de C'_1 sur C'_2 et de C''_1 sur C''_2 , qui changent des bases distinguées en bases distinguées, et qui sont permutables avec ∂ (on désignera par la même lettre ∂ l'endomorphisme relatif à des systèmes différents).

La <u>somme directe</u> $S_1 \oplus S_2$ des deux (A,G)-systèmes S_1 et S_2 est le système formé des modules $C' = C'_1 \oplus C'_2$ et $C'' = C''_1 \oplus C''_2$, dans chacun desquels une G-famille de bases distinguées est déterminée par la base obtenue en juxtaposant des bases distinguées des modules de S_1 et S_2, et où ∂ est l'extension naturelle des endomorphismes ∂ relatifs à S_1 et S_2 . Les modules de Betti de $S_1 \oplus S_2$ sont canoniquement isomorphes aux sommes directes des modules correspondants de S_1 et S_2 .

Un système est dit <u>trivial de rang 1</u>, si C' et C'' sont de rang 1, et s'il existe des bases distinguées a de C' et b de C'' , telles que

$$\partial a = b \quad \text{et} \quad \partial b = 0 \quad \text{ou} \quad \partial a = 0 \quad \text{et} \quad \partial b = a \ .$$

On appellera <u>système trivial</u> tout système isomorphe à la somme directe d'un nombre fini quelconque de systèmes triviaux de rang 1. Dans un tel système, il existe des bases distinguées

$a'_1, a'_2, \ldots, a'_r, b'_1, \ldots, b'_s$ de C' et

$a''_1, \ldots, a''_s, b''_1, \ldots, b''_r$ de C''

telles que $\partial a'_i = b''_i$ et $\partial a''_j = b'_j$ $(1 \leq i \leq r \ ; \ 1 \leq j \leq s)$. Un système trivial est acyclique.

Deux (A,G)-systèmes S_1 et S_2 seront dits <u>équivalents</u>, s'il existe des systèmes triviaux T_1 et T_2 tels que $S_1 \oplus T_1$ et $S_2 \oplus T_2$ soient isomorphes.

Il résulte de ce qui précède que les modules de Betti de deux systèmes équivalents sont isomorphes. Dans le cas où $A = \mathbb{Z}$ anneau des entiers rationnels dont les seules unités sont 1 et -1 la réciproque est vraie : deux systèmes dont les modules de Betti sont isomorphes sont équivalents. Mais il n'en est pas de même en général. La torsion que nous définirons plus loin fournira une nouvelle condition nécessaire d'équivalence. Démontrons encore ici la proposition suivante, qui sera utile.

PROPOSITION (1.1) : Tout $\mathbb{Z}$-système acyclique est trivial.

Les modules C' et C'' d'un tel système sont des groupes abéliens additifs purement infinis. On sait que toutes les bases peuvent se déduire de l'une d'elles par les opérations (a), (b) et (c) ci-dessus (où $\gamma = \pm 1$ et $\lambda \in \mathbb{Z}$), de sorte que toutes les bases sont distinguées. On sait aussi que, comme C'/F' est purement infini, on a une décomposition en somme directe $C' = F' \oplus E'$ et de même $C'' = F'' \oplus E''$, et le système étant acyclique, ∂ induit un isomorphisme de E'' sur F' et un isomorphisme de E' sur F''. Soit $a'_1, \ldots, a'_r$ une base de E', $a''_1, \ldots, a''_s$ une base de E'', $b''_i = \partial a'_i$ et $b'_j = \partial a''_j$ ($1 \leq i \leq r$ et $1 \leq j \leq s$). Alors $a'_1, \ldots, a'_r, b'_1, \ldots, b'_s$ est une base de C' et $a''_1, \ldots, a''_s, b'_1, \ldots, b'_r$ une base de C'', d'où la proposition.

2. Complexe à automorphismes

Soit K un complexe cellulaire localement fini et G un groupe abstrait. Une action de G sur K est un homomorphisme de G dans le groupe des automorphismes de K. Supposons donnée une telle action ; nous dirons alors que K est un complexe à automorphismes qui représente G. Si $\gamma \in G$, nous désignerons encore par γ l'automorphisme de K associé à γ. Si a est une cellule de K, sa transformée par cet automorphisme sera désignée par γa. Nous appellerons système fondamental de cellules de K tout ensemble de cellules de K tel que toute cellule de K soit la transformée, par un automorphisme $\gamma \in G$, d'une cellule de cet ensemble et d'une seule. Nous ferons encore les hypothèses suivantes :

(1) Si un automorphisme $\gamma \in G$ change une cellule a en elle-même, il laisse fixe tous les points de a.

(2) Il existe un système fondamental formé d'un nombre fini de cellules de K.

Dans le cas où G est fini, cette dernière condition revient à supposer que le nombre de cellules de K est fini.

Si tout automorphisme $\gamma \in G$ distinct de l'identité, $\gamma \neq 1$, ne laisse fixe aucune cellule de K, on dit que G opère librement sur K. S'il n'en est pas ainsi, l'ensemble des cellules de K qui sont laissées fixes par au moins un automorphisme $\gamma \neq 1$ forme un sous-complexe fermé de K, invariant par G. Si L est un sous-complexe fermé de K invariant par G et contenant K_f, G opère librement sur $K - L$.

Supposons qu'on subdivise une cellule de K et de manière correspondante toutes ses transformées par les automorphismes $\gamma \in G$, en sorte que ces automorphismes s'étendent au complexe subdivisé. On obtient un nouveau complexe K' sur lequel opère le même groupe G, et au sous-complexe fermé invariant L de K correspond un sous-complexe fermé invariant L' de K'.

Nous appellerons opération élémentaire le passage de l'un des complexes K et K' à l'autre, ou de l'une des paires (K', L') et (K, L) à l'autre. Nous dirons que deux complexes à automorphismes, représentant le même groupe G, sont combinatoirement équivalents, si l'un peut être rendu isomorphe à l'autre par un nombre fini d'opérations élémentaires ; et l'on définit de la même manière l'équivalence combinatoire de deux paires.

Un cas important est celui où K est un revêtement régulier d'un complexe fini $\overline{K}$ et G le groupe des automorphismes du revêtement. Dans ce cas, l'opération élémentaire cerrespond à la subdivision d'une cellule de $\overline{K}$.

Notons que toute subdivision d'un complexe peut s'obtenir en subdivisant successivement ses arêtes, puis les cellules de dimension 2, puis celles de dimension 3, etc, et se décompose ainsi en une suite d'opérations élémentaires.

Supposons que G opère librement sur K - L, et soit A l'algèbre de G sur un anneau commutatif D (on prendra par exemple l'anneau des entiers rationnels $\mathbb{Z}$, ou le corps des complexes). A la paire (K,L) on associe le (A,G)-système S(K,L), défini de la manière suivante . Le A-module C' consiste en toutes les chaînes de K-L à coefficients dans D de dimension impaire, c'est-à-dire en toutes les combinaisons linéaires à coefficients dans D des cellules de dimension impaire de K-L , chacune étant prise avec une orientation déterminée. Cet ensemble forme d'une manière naturelle un A-module libre de rang fini, car si $a_1,\dots,a_r$ sont les cellules de dimension impaire d'un système fondamental de K-L et si $\xi_i = \sum_{\gamma} c_{i,\gamma}\gamma (c_{i,\gamma} \in D, \quad \gamma \in G)$ sont des éléments de A, $\sum_{1\le i\le r} \xi_i a_i$ représente la chaîne $\sum_{i,\gamma} c_{i,\gamma}(\gamma a_i)$, et toute chaîne de dimension impaire d peut être ainsi représentée, d'une manière unique. La base $a_1,\dots, a_r$ de ce A-module définit une G-famille de bases distinguées de C' qui ne dépend pas du choix du système fondamental ni du choix des orientations des cellules. On définit de même le A-module C^n et ses bases distinguées avec les chaînes de dimension paire. Enfin ∂ est l'opération qui fournit le bord (mod L) d'une chaîne. (On considère ici les chaînes du point de vue dit "naïf" : on sait que le module des chaînes de dimension q de K peut être interprété comme le module l'homologie singulière de K^q (mod K^{q-1}), K^q désignant le q-squelette de K; C' est la somme directe de ces modules pour toutes les valeurs impaires de q).

La considération du système $S(K,L)$ ainsi défini est intéressante à cause du théorème suivant :

__THEOREME__ (2.1) : Si les paires (K,L) *et* $(\tilde{K},\tilde{L})$ *sont combinatoirement équivalentes, les systèmes* $S(K,L)$ *et* $S(\tilde{K},\tilde{L})$ *sont équivalents.*

Pour la démonstration, il suffit de considérer le cas où $(\tilde{K},\tilde{L})$ se déduit de (K,L) par une opération élémentaire, consistant à subdiviser une cellule a^q de K en même temps que toutes ses transformées par les automorphismes $\gamma \in G$. Si $a^q \in L$, les deux systèmes $S(K,L)$ et $S(\tilde{K},\tilde{L})$ sont identiques et il n'y a rien à prouver. Nous pouvons alors supposer que la cellule a^q, de dimension q, est la première cellule $a^q = a_1$ d'un système fondamental $a_1, a_2, \ldots$ de cellules de $K-L$. La subdivision a pour effet de remplacer a^q par un ensemble B de nouvelles cellules de dimensions $\leq q$, qui formera avec $a_2, a_3, \ldots$ un système fondamental de cellules de $\tilde{K}-\tilde{L}$, et qui jouit des propriétés suivantes :

1) La chaîne b^q, égale à la somme des cellules à q dimensions de B, orientées comme a^q, a le même bord que a^q : $\partial b^q = \partial a^q$, et toute q-chaîne de B (à coefficients dans D) fermée (mod K^{q-1}), c'est-à-dire dont le bord ne contient pas de cellules de B, est égale à un multiple de b^q.

2) Toute chaîne de B de dimension $<q$ (à coefficients dans D) qui est fermée (mod K^{q-1}) est le bord (mod K^{q-1}) d'une chaîne de B (à coefficients dans D).

3) Le bord dans $\tilde{K}$ de l'une quelconque des cellules $a_2, a_3, \ldots$ se déduit de son bord dans K (représenté par une combinaison linéaire à coefficients dans A de $a_1, a_2, \ldots$) en y remplaçant a_1 par b^q.

Les deux premières propriétés expriment que les cellules de B, qui remplacent a^q, forment un complexe (mod K^{q-1}) qui a l'homologie d'une boule à q dimensions modulo sa frontière. On peut prendre D = $\mathbb{Z}$. En ce qui concerne 3), les bords d'une cellule a_i dans K et dans $\tilde{K}$ ne diffèrent que si a_i est de dimension q + 1 et si son bord contient a_1.

Soient b_1, b_2, ... les cellules de B et supposons que b_1 soit une cellule à q dimensions. On aura un système fondamental de cellules de $\tilde{K}$-$\tilde{L}$ en prenant a_2, a_3, ... et b_1, b_2, ... , et l'on en déduit des bases distinguées des modules C' et C'' de S($\tilde{K}$,$\tilde{L}$) . Dans ces bases distinguées, on peut remplacer b_1^q par b^q, en appliquant l'opération c) définie au n° 1. Les modules engendrés par b^q, a_2, a_3, ... forment alors un système S_1 isomorphe à S(K,L) , l'isomorphisme étant obtenu en remplaçant b^q par a_1. D'autre part, en vertu des propriétés 1) et 2), b_2, b_3, ... engendrent des $\mathbb{Z}$-modules qui forment relativement à l'opérateur $\bar{\partial}$ donnant le bord (mod K^{q-1}), un système acyclique, donc trivial, en vertu de (1.1). On pourra par suite remplacer b_2, b_3, ... par des combinaisons linéaires à coefficients entiers, chaînes de dimensions paires et impaires, et e_i et $\bar{f}_i$, telles que $\bar{\partial} e_i = \bar{f}_i$. Enfin, en appliquant encore l'opération c), on pourra remplacer $\bar{f}_i$ par $f_i = \partial e_i$, et l'on obtient en définitive des bases distinguées de C' et C'' avec les chaînes ou cellules b^q, a_2, a_3,... et e_1, f_1, e_2, f_2, ... Il en résulte que S($\tilde{K}$,$\tilde{L}$) est la somme directe du système S_1 isomorphe à S(K,L) et du système trivial engendré par e_1, f_1, e_2, f_2, ..., ce qui achève la démonstration de (2.1).

3. Torsion d'un (A,G)-système

Le théorème (2.1) conduit naturellement à rechercher des conditions d'équivalence de deux (A,G)-systèmes lorsque A est l'algèbre du groupe G. L'isomorphie des modules de Betti en est une. La torsion introduite par Reidemeister et Franz va nous fournir d'autres conditions nécessaires.

Appelons <u>volume</u>, dans un espace vectoriel E de dimension m, tout élément $\neq 0$ de la puissance extérieure m-ième de E (si $m = 0$, on conviendra que c'est un scalaire $\neq 0$). Si F est un sous-espace vectoriel de E, et F' un sous-espace complémentaire en sorte que $E = F \oplus F'$, à des volumes f et f' dans F et F' correspond un volume $e = f \wedge f'$ dans E. Comme F' est canoniquement isomorphe à E/F, à f' correspond un volume d dans E/F. On vérifie immédiatement que deux quelconques des volumes e, f, d déterminent le troisième, le choix de F' n'ayant pas d'influence. Aussi nous écrirons $e = fd$ et $d = e/f$.

Supposons maintenant que A est un corps commutatif et que le (A,G)-système S est acyclique. Les modules C' et C'' de S sont alors des espaces vectoriels, $F' = H' = \partial C''$ et $F'' = H'' = \partial C'$ en sont des sous-espaces, $F' \oplus F''$ étant à la fois l'image et le noyau de l'endomorphisme ∂.

Soient c', c'', h', h'' des volumes dans C', C'', H', H'' respectivement. L'isomorphisme de C'/H' sur H'' induit par ∂ fait correspondre à c'/h' un volume $\partial(c'/h')$ dans H'', dont le rapport à h'' est un nombre $\neq 0$ du corps A. Dans le cas où $C' = H'$, c'/h' et h'' sont des nombres de A et l'on conviendra de prendre $\partial(c'/h') = c'/h'$. De même, c''/h'' est un volume dans C''/H'' auquel correspond un volume $\partial(c''/h'')$ dans H' dont le rapport à h' est un nombre $\neq 0$ de A, et l'on convient encore de prendre $\partial(c''/h'') = c''/h''$ dans le cas où $C'' = H''$. Le quotient de ces rapports

$$\frac{\partial(c''/h'')}{h'} : \frac{\partial(c'/h')}{h''} = D\,(c''/c')$$

ne dépend alors plus que des volumes c' et c''. C'est un nombre $\neq 0$ de A, proportionnel à c'' et inversément proportionnel à c'. Convenons maintenant de prendre pour les volumes c' et c'' les produits extérieurs des éléments de bases distinguées de C' et C'', que nous appellerons <u>volumes distingués</u> dans C' et C''. Il résulte immédiatement de la définition des G-familles que le rapport de deux volumes distingués d'un même module est un nombre de A de la forme $\pm\gamma$, où $\gamma \in G$. Les volumes distingués c' et c'' sont donc déterminés à un facteur près de la forme $\pm\gamma$, et il en est de même de la valeur de $D(c''/c')$ que nous désignerons par $\Delta(S)$ et que nous appellerons la <u>torsion du système S</u>. C'est un nombre $\neq 0$ du corps A, déterminé à un facteur près de la forme $\pm\gamma$ $(\gamma \in G)$ ou, ce qui revient au même, un élément du groupe quotient du groupe multiplicatif des nombres $\neq 0$ de A par le sous-groupe des nombres de la forme $\pm\gamma$ $(\gamma \in G)$.

Considérons maintenant le cas où A n'est pas un corps, le (A,G)-système S n'étant pas nécessairement acyclique. Soit θ un homomorphisme de A dans un corps commutatif D. On lui associe d'une manière naturelle un homomorphisme de tout A-module libre C dans un espace vectoriel E sur D de même rang que C, qu'on désignera encore par θ : si $x \in C$ a pour composantes relativement à une base de C les $x_i \in A$ $i = 1,2,\ldots$ $\theta(x) \in E$ aura pour composantes relativement à la base correspondante de E les $\theta(x_i) \in D$. L'image d'une base de C est une base de E, et les images des bases d'une G-famille appartiennent à une même $\theta(G)$-famille de bases de E, $\theta(G)$ étant l'image par θ de G dans le corps D. En particulier, θ fournit des homomorphismes des A-modules C' et C'' du (A,G)-système S dans les espaces vectoriels E' et E'' et transforme l'endomorphisme ∂ de $C' \oplus C''$ en un endomorphisme de $E' \oplus E''$, qu'on désignera encore par ∂. Les images par θ des bases distinguées de C' et C'' déterminent des $\theta(G)$-familles de bases distinguées dans E' et E'', de sorte que E' et E'' forment un $(D,\theta(G))$-système qu'on appellera <u>image de S par θ</u> et qu'on désignera par ${}_\theta S$.

Si ${}_\theta S$ est acyclique, et cela peut arriver même si S <u>n'est pas acyclique</u>, sa torsion $\Delta({}_\theta S)$ est un nombre $\neq 0$ du corps D, déterminé à un facteur près de la forme $\theta(\pm\gamma)$ où $\gamma \in G$. Ce facteur dépend du choix des bases distinguées de E' et E'' déterminant les volumes e' et e'' qui interviennent dans $D(c''/c')$.

Convenons de prendre pour ces bases les images par θ de bases distinguées de C' et C'' choisies indépendamment de θ. L'élément $\pm\gamma$ dans $\theta(\pm\gamma)$ ne dépendra plus alors de θ.

Nous appellerons torsion du (A,G)-système S l'ensemble des $\Delta({}_\theta S)$ correspondant aux homomorphismes θ de A dans un corps D, tel que ${}_\theta S$ soit acyclique. $\Delta({}_\theta S)$ est unnombre $\neq 0$ du corps D, déterminé à un facteur près de la forme $\theta(\pm\Gamma)$, où $\gamma \in G$ et $\pm\gamma$ ne dépend pas de θ.

Pour le calcul de la torsion, il suffit donc de considérer le cas où A est un corps et le système S est acyclique. Si les modules C' et C'' sont de rang 1, des bases distinguées c' et c'' sont en même temps des volumes distingués, et le système étant acyclique on a ou bien $\partial c'' = tc'$, $\partial c' = 0$, ou bien $\partial c' = tc''$, $\partial c'' = 0$, avec $0 \neq t \in A$. Dans le premier cas, $H'' = 0$, $H' = C'$ et en prenant $h'' = 1$ et $h' = c'$, on obtient immédiatement $\Delta(S) = t$. Dans le second cas, il vient $\Delta(S) = t^{-1}$. En particulier, la torsion d'un système trivial de rang 1 est égale à 1.

Si S_1 et S_2 sont acycliques, $S = S_1 \oplus S_2$ l'est aussi. Chacun des modules C', C'', H' et H'' de S est la somme directe des modules correspondants de S_1 et de S_2, et tout volume dans l'un d'eux est égal au produit de volumes dans ces derniers. On en déduit immédiatement

PROPOSITION (3.1) : *La torsion d'une somme directe de deux systèmes est égale au produit de leurs torsions.*

La torsion d'un système trivial étant par suite égale à 1, il en résulte

PROPOSITION (3.2) : *Deux systèmes équivalents ont la même torsion.*

Dans le cas général où l'anneau A n'est pas un corps, si $S = S_1 \oplus S_2$, on a $_\theta S = {}_\theta S_1 \oplus {}_\theta S_2$, et si S_2 est trivial, $_\theta S_2$ l'est aussi. Par suite, (3.1) et (3.2) sont encore valables.

Un système S_1 , formé de A-modules C_1' et C_1'', est appelé <u>sous-système</u> de S , si $C_1' \subset C'$, $C_1'' \subset C''$, l'opérateur ∂ relatif à S_1 étant la restriction du ∂ relatif à S et si, <u>de plus</u>, toute base distinguée de C_1' (resp. C_1'') peut être complétée en une base distinguée de C' (resp. C''). S'il en est ainsi C'/C_1' est un A-module libre, dans lequel on définit d'une manière naturelle une famille de bases distinguées, en convenant que des éléments de C'/C_1' forment une base distinguée s'ils sont images, par l'homomorphisme canonique de C' sur C'/C_1' des éléments qui complètent une base distinguée de C_1' pour former une base distinguée de C' . D'autre part, l'endomorphisme ∂ de $C' \oplus C''$ induit un endomorphisme ∂ de $C'/C_1' \oplus C''/C_1''$ de sorte que C'/C_1' et C''/C_1'' forment un nouveau (A,G)-système, que l'on appellera le <u>système quotient</u> de S par S_1 et que l'on désignera par S/S_1.

Si $S = S_1 \oplus S_2$, il est clair que S_1 est un sous-système de S et que S/S_1 est isomorphe à S_2 . Nous dirons que S_2 est un <u>sous-système complémentaire de</u> S_1 <u>dans</u> S . Un sous-système n'admet pas toujours un sous-système complémentaire. Toutefois, on a :

<u>*PROPOSITION (3.3)*</u> : *Si* S_1 *est un sous-système de* S *, si* A *est un corps et si* S/S_1 *est acyclique, il existe un système complémentaire de* S_1 *dans* S .

Soient en effet C', C'', C_1', C_1'' , les modules formant S et S_1 . Ce sont des espaces vectoriels; le système S/S_1 étant acyclique, les espaces vectoriels C'/C_1' et C''/C_1'' sont des sommes directes de la forme

$$C'/C_1' = \tilde{H}' \oplus \tilde{P}' \qquad\qquad C''/C_1'' = \tilde{H}'' \oplus \tilde{P}''$$

$\tilde{H}' \oplus \tilde{H}''$ étant à la fois le noyau et l'image de l'opérateur ∂ relatif à S/S_1. Soient P' et P'' des sous-espaces de C' et C'' ayant pour image isomorphes $\tilde{P}'$ et $\tilde{P}''$ par les homomorphismes canoniques de C' et C'' sur C'/C'_1 et C''/C''_1. On a alors les décompositions suivantes :

$$C' = C'_1 \oplus P' \oplus \partial P'' \quad , \qquad C'' = C''_1 \oplus P'' \oplus \partial P'$$

les modules $C'_2 = P' \oplus \partial P''$ et $C''_2 = P'' \oplus \partial P'$ sont canoniquement isomorphes à C'/C'_1 et C''/C''_1 et forment un sous-système S_2 complémentaire de S_1 dans S.

4. Cas où A est l'algèbre d'un groupe cyclique G d'ordre fini

Considérons le cas où A est l'algèbre d'un groupe cyclique G d'ordre fini h, sur le corps de tous les nombres complexes D. On sait qu'alors A est la somme directe de h corps isomorphes à D, ce qu'on vérifie d'ailleurs facilement. En effet, si γ désigne un générateur de G et ζ, ζ' des racines h-ièmes de l'unité, en posant

$$e_\zeta = \frac{1}{h} \sum_{j=0}^{h-1} \left(\frac{\gamma}{\zeta}\right)^j$$

on obtient les relations

$$1 = \sum_\zeta e_\zeta \quad , \quad e_\zeta^2 = e_\zeta \ , \quad e_\zeta \, e'_\zeta = 0 \quad \text{si } \zeta \neq \zeta' \quad , \ \gamma \, e_\zeta = \zeta e_\zeta \quad .$$

Il existe h homomorphismes de A sur D, à chaque ζ en correspond un θ_ζ, qui satisfait à

$$\theta_\zeta(\gamma) = \zeta \ , \quad \xi = \sum_\zeta \theta_\zeta(\xi)\, e \qquad \text{pour tout } \xi \in A \quad .$$

Les e_ζ sont appelés les idempotents de A.

Tout A-module C se décompose en la somme directe $C = \sum_{\zeta} e_{\zeta} C$, l'opération γ se réduisant dans $e_{\zeta} C$ à la multiplication par ζ. Certains de ces espaces peuvent se réduire à zéro, mais si C est un A-module libre, ils ont tous le même rang sur D. L'homomorphisme θ_{ζ} projette C sur $e_{\zeta} C$ et $e_{\zeta'} C$ sur 0 pour $\zeta' \neq \zeta$. Pour que γ induise l'identité sur C, il faut et il suffit que $e_{\zeta} C = 0$ pour $\zeta \neq 1$. Si h est pair, pour que γ^2 induise l'identité, il faut et il suffit que $e_{\zeta} C = 0$ pour $\zeta \neq \pm 1$.

Appliquée aux A-modules C' et C" d'un (A,G)-système S, cette décomposition est compatible avec l'endomorphisme ∂, et l'on en déduit que les composantes des modules de Betti B' (S) et B" (S) de S sont identiques aux modules de Betti des systèmes

$$e_{\zeta} B'(S) = B'({}_{\theta_{\zeta}}S) \quad , \qquad e_{\zeta} B''(S) = B''({}_{\theta_{\zeta}}S)$$

En tenant compte des remarques ci-dessus, on en déduit :

<u>*PROPOSITION*</u> *(4.1) : Si* S *est acyclique,* ${}_{\theta_{\zeta}}S$ *est acyclique pour tout* ζ. *Si* γ *(resp* γ^2*) induit l'identité sur les modules de Betti de* S, ${}_{\theta_{\zeta}}S$ *est acyclique pour* $\zeta \neq 1$ *(resp* $\zeta \neq \pm 1$ *).*

5. Application aux complexes à automorphismes

Soit K un complexe à automorphismes, tel qu'on l'a défini au n° 2 et L un sous-complexe fermé invariant de K contenant K_f en sorte que le groupe G opère librement sur K-L. Nous prendrons comme anneau commutatif D soit l'anneau des entiers rationnels, soit le corps de tous les nombres complexes. A la paire (K,L) est alors associé un (A,G)-système S = S(K,L), A étant l'algèbre de G sur D. La torsion de ce système sera appelée <u>torsion de</u> (K,L), et nous écrirons $\Delta({}_{\theta}S) = \Delta_{\theta}(K,L)$ pour tout homomorphisme θ de A dans un corps. Les propositions (2.1) et (3.2) entraînent alors :

PROPOSITION (5.1) : Si les paires (K,L) *et* $(\tilde{K},\tilde{L})$ *sont combinatoirement équivalentes, elles ont la même torsion*

$$\Delta_\theta(K,L) = \Delta_\theta(\tilde{K},\tilde{L}) .$$

Soit M un sous-complexe fermé invariant de K contenant L, $K \supset M \supset L$. Alors $S_1 = S(M,L)$ est un sous-système de $S = S(K,L)$ et $S(K,M) = S/S_1$. D'après (3.3), si ${}_\theta S(K,M)$ est acyclique, il existe un système complémentaire de ${}_\theta S_1$ dans ${}_\theta S$, qui est isomorphe à ${}_\theta S(K,M)$ et en tenant compte de (3.1), on peut énoncer

PROPOSITION (5.2) (Milnor) : Si M *et* L *sont des sous-complexes fermés invariants de* K *, tels que* $K \supset M \supset L \supset K_f$ *, et si* ${}_\theta S(K,M)$ *et* ${}_\theta S(M,L)$ *sont acycliques,* ${}_\theta S(K,L)$ *est aussi acyclique et l'on a*

$$\Delta_\theta(K,L) = \Delta_\theta(K,M)\,\Delta_\theta(M,L) .$$

Convenons de dire que deux systèmes S et $\overline{S}$ sont <u>opposés</u> s'il existe des isomorphismes des modules $\overline{C}'$ et $\overline{C}''$ de $\overline{S}$ sur les modules C'' et C' de S respectivement, permutables avec ∂ et changeant des bases distinguées en des bases distinguées. On obtient ainsi un système opposé à S en permutant simplement ses modules C' et C'' . Il est immédiat que

<u>si</u> S <u>et</u> $\overline{S}$ <u>sont opposés,</u> ${}_\theta S$ <u>et</u> ${}_\theta\overline{S}$ <u>sont aussi opposés, si l'un de ces systèmes est acyclique, l'autre l'est aussi et</u> $\Delta({}_\theta S)\,\Delta({}_\theta\overline{S}) = 1$ <u>le produit de leurs torsions vaut 1</u> .

Considérons alors le produit $K \times Q$ du complexe à automorphismes K avec un complexe cellulaire fini Q , sur lequel on fait opérer G en convenant que, a et b étant des cellules de K et Q respectivement, $\gamma(a \times b) = \gamma a \times b$. Soient b_i $(i = 1,2,\dots,)$ les cellules de Q , ordonnées de manière que $\dim b_i \leq \dim b_{i+1}$ et soit Q_i le sous-complexe de Q formé par les cellules $b_1,\dots,b_i$. Q_1 se réduit au sommet b_1 , $Q_i - Q_{i-1}$

se réduit à la cellule b_i . Les cellules de

$$(K-L) \times b_i = (K-L) \times (Q_i - Q_{i-1}) = K \times Q_i - (K \times Q_i \cup L \times b_i)$$

étant les produits par b_i des cellules de K-L , il en résulte que le système

$$S_i = S(K \times Q_i \ , \ K \times Q_{i-1} \cup L \times b_i)$$

est isomorphe ou opposé au système $S(K,L) = S$, selon que la dimension de b_i est paire ou impaire. Si donc ${}_\theta S$ est acyclique, ${}_\theta S_i$ l'est aussi et $\Delta({}_\theta S_i) = \Delta^{\varepsilon}({}_\theta S)$ avec $\varepsilon = (-1)^{\dim b_i}$. D'autre part, l'application répétée de (5.2) entraîne

$$\Delta_\theta(K \times Q, \ L \times Q) = \prod_{i=1}^{\alpha} \Delta({}_\theta S_i) = (\Delta({}_\theta S))^{\alpha''-\alpha'}$$

α'' et α' étant le nombre de cellules de Q de dimensions paires et impaires. La différence $\alpha'' - \alpha' = \chi$ est la <u>caractéristique d'Euler - Poincaré</u> de Q, et l'on a ainsi (Milnor) :

(5.3) $$\Delta_\theta(K \times Q, \ L \times Q) = \Delta_\theta^{\chi}(K,L) \ .$$

6. Complexes à automorphismes associés à une rotation d'ordre fini de $\mathbb{S}^n$

En introduisant des coordonnées convenables, réelles ou deux à deux imaginaires conjuguées, dans $\mathbb{R}^{n+1} \supset \mathbb{S}^n$, les équations d'une rotation r qui change le point $z = (z_1, \ldots, z_{n+1})$ en $r(z) = z' = (z'_1, \ldots, z'_{n+1})$ se ramènent à la forme :

(6.1) $$z'_j = \zeta_j \, z_j \qquad (j = 1, \ldots n+1)$$

où les ζ_j sont des nombres de module 1 appelés <u>racines caractéristiques de la rotation</u>. A chaque racine caractéristique réelle (donc égale à ±1) correspond une coordonnée réelle, et les racines caractéristiques imaginaires se répartissent en couples de deux racines imaginaires conjuguées. Ce système de coordonnées correspond à une décomposition de $\mathbb{R}^{n+1}$ en somme directe de droites et de 2-plans de coordonnées, deux à deux orthogonaux, invariants par r.

Supposons la rotation r d'ordre fini h; alors les racines caractéristiques sont des racines h-ièmes de l'unité. Sur les droites de coordonnées invariantes, correspondant aux coordonnées z_j réelles et aux racines caractéristiques $\zeta_j = \pm 1$, marquons les deux points d'intersection avec la sphère $\mathbb{S}^n$ de centre 0 et de rayon 1 ; ces deux points sont laissés fixes ou permutés par r, selon que $\zeta_j = 1$ ou $\zeta_j = -1$. Dans chaque 2-plan de coordonnées invariants correspondant à deux coordonnées imaginaires conjuguées z_j et $\bar{z}_j$ et à des racines caractéristiques non réelles ζ_j et $\bar{\zeta}_j$, marquons sur le cercle intersection de ce plan avec $\mathbb{S}^n$ le point où $\arg z_j = 0$ et tous ses transformés par le groupe engendré par r, qui forment les sommets d'un polygone régulier simple de centre 0, dont le nombre des côtés est h ou un diviseur de h (égal à l'ordre de ζ_j). Les points ainsi marqués sont les sommets d'un polygone convexe $P(r)$ inscrit dans $\mathbb{S}^n$, invariant par r, dont toutes les faces sont des simplexes ; une partie de cet ensemble de points appartiendra à un même simplexe de $P(r)$ si et seulement si elle contient au plus un des deux points marqués sur les droites de coordonnées invariantes et au plus un sommet ou deux sommets consécutifs sur chacun des polygones marqués sur les 2-plans de coordonnées invariants. La rotation r se traduit par un automorphisme de $P(r)$, que nous désignerons encore par γ, en sorte que $P(r)$ est un <u>complexe à automorphisme représentant le groupe cyclique G d'ordre h engendré par γ</u>.

Soit d un vrai diviseur de h $(1 \leq d < h)$. Les points z laissés fixes par r^d sont ceux pour lesquels $z_j = 0$ pour tout j tel que $\zeta_j^d \neq 1$. Ils forment un sous-espace de $\mathbb{R}^{n+1}$ somme directe de certaines droites de coordonnées et de certains 2-plans de coordonnées de $\mathbb{R}^{n+1}$, qui coupe $\mathbb{S}^n$ suivant une sous-sphère de dimension < n. Soit $r_{(d)}$ la restriction de r à ce sous-espace. L'intersection de $P(r)$ avec ce sous-espace est un sous-complexe de $P(r)$ qui n'est pas autre chose que $P(r_{(d)})$ et il contient tous les simplexes de $P(r)$ laissés fixes par γ^d. La réunion des $P(r_{(d)})$ correspondant à tous les vrais diviseurs d de h est le sous-complexe $P_f(r)$ de $P(r)$, formé par tous les simplexes laissés fixes par au moins un automorphisme distinct de l'identité.

Désignons par r_0 la restriction de r au sous-espace de $\mathbb{R}^{n+1}$ défini en annulant toutes les coordonnées z_j associées aux ζ_j qui ne sont pas racines primitives h-ièmes de l'unité. Les racines caractéristiques de r_0 sont les racines caractéristiques de r qui ne sont pas racines primitives h-ièmes de 1. Il est clair que $P_f(r)$ est un sous-complexe invariant de $P(r_0)$ qui est lui-même un sous-complexe invariant de $P(r)$ si r_0 est d'ordre < h, $P(r_0) = P_f(r)$, si aucune des racines caractéristiques de r n'est primitive d'ordre h (ce qui peut bien arriver malgré que r soit d'ordre h), $P(r_0) = P(r)$. Mais en général ces trois complexes seront distincts, et G opère librement sur $P(r) - P_f(r)$ ainsi que sur $P(r_0) - P_f(r)$ et $P(r) - P(r_0)$.

Considérons alors les (A,G)-systèmes

$$S(P(r),P_f(r)), \qquad S(P(r_0), P_f(r)), \qquad S(P(r), P(r_0))$$

A étant l'algèbre de G sur le corps des nombres complexes D et un homomorphisme θ de A dans D, caractérisé par la racine h-ième de l'unité $\theta(\gamma) = \zeta$. On a la proposition suivante :

<u>*PROPOSITION*</u> *(6.2) : Si* r *conserve l'orientation et si* $\theta(\gamma) \neq 1$ *les systèmes*

$$_\theta S(P(r), P_f(r)), \qquad _\theta S(P(r_0), P_f(r)), \qquad _\theta S(P(r), P(r_0))$$

sont acycliques; il en est de même si r *renverse l'orientation, pourvu que* $\theta(\gamma) \neq \pm 1$.

Considérons par exemple le premier de ces systèmes. D'après (4.1), il suffit de montrer que γ (resp γ^2) induit l'identité sur les modules de Betti du système $S(P(r), P_f(r))$. Ces modules de Betti ne sont pas autre chose que les modules de Betti (ou groupes d'homologie) de $\mathbb{S}^n$ (mod $\mathbb{S}^n_f$), $\mathbb{S}^n_f$ étant la projection de $P_f(r)$ sur $\mathbb{S}^n$ faite du centre 0. Si r conserve l'orientation, r appartient à un groupe continu de rotations à un paramètre de la paire $(\mathbb{S}^n, \mathbb{S}^n_f)$, et par suite induit l'identité sur ses groupes d'homologie. Si r renverse l'orientation, r^2 la conserve et r^2 induit l'identité sur ces mêmes groupes. Par suite γ, ou γ^2 dans le second cas, induit l'identité sur les modules de Betti de $S(P(r), P_f(r))$. La démonstration est la même pour les autres systèmes.

Il résulte de là que les torsions

$$\Delta_\theta(P(r), P(r_o)), \qquad \Delta_\theta(P(r_o), P_f(r)), \qquad \Delta_\theta(P(r), P_f(r))$$

sont déterminées, pourvu que $\theta(\gamma) = \zeta \neq 1$ ou $\neq \pm 1$ selon le cas. Et en vertu de (5.2), on a

$$(6.3) \qquad \Delta_\theta(P(r), P_f(r)) = \Delta_\theta(P(r), P(r_o)) \; . \; \Delta_\theta(P(r_o), P_f(r)) \; .$$

Il peut arriver que deux complexes parmi ceux envisagés soient identiques, ou que l'un soit vide. Aussi nous conviendrons que $\Delta_\theta(K,K) = 1$ et $\Delta_\theta(K,L) = \Delta_\theta(K)$ si L est vide, en sorte que (6.3) ait toujours un sens.

Nous allons calculer $\Delta_\theta(P(r), P(r_o))$, et nous supposerons $h > 2$. Soient $\zeta_1, \overline{\zeta}_1, \ldots, \zeta_m, \overline{\zeta}_m$ les racines caractéristiques de r qui sont racines primitives h-ièmes de l'unité. S'il n'y en a pas, $m = 0$ et $P(r) = P(r_o)$. Supposons $m > 0$, et désignons toujours par z_j la coordonnée complexe associée à ζ_j dans (6.1). Soit r_k la restriction de r au sous-espace de $\mathbb{R}^{n+1}$ défini par $z_{k+1} = z_{k+2} = \ldots = z_m = 0$ de sorte que pour $k=0$ on retrouve la rotation r_o déjà considérée et $r_m=r$. $P(r_{k-1})$ est un sous-complexe invariant de $P(r_k)$, et de (5.2) l'on déduit

(6.4) $$\Delta_\theta(P(r),\ P(r_o)) = \prod_{k=1}^{m} \Delta_\theta(P(r_k),\ P(r_{k-1}))$$

$P(r_k)$ est un complexe de dimension $n-2(m-k)$ contenu dans le sous-espace invariant de dimension $n+1-2(m-k)$. Dans $P(r_k)$, le sous-complexe $P(r_{k-1})$ contient tous les points satisfaisant à $z_k = 0$. L'inégalité $0 < \arg z_k < \frac{2\pi}{h}$ définit dans $P(r_k)$ une cellule a de dimension $n_k=n-2(m-k)$ qui est le "joint" de $P(r_{k-1})$ et d'un côté du polygone invariant marqué dans le 2-plan de coordonnées associé à z_k. De même, $0 = \arg z_k$ définit dans $P(r_k)$ une cellule b de dimension n_k-1. Soit $Q(r_k)$ le complexe cellulaire formé par tous les simplexes de $P(r_{k-1})$ et par les cellules a et b et toutes les transformées par la rotation. $P(r_k)$ est une subdivision de $Q(r_k)$, de sorte qu'en vertu de (5.1) on a

(6.5) $$\Delta_\theta(P(r_k),\ P(r_{k-1})) = \Delta_\theta(Q(r_k),\ Q(r_{k-1})) \quad .$$

Les cellules a et b forment un système fondamental pour $Q(r_k) - P(r_{k-1})$. Soit μ_k un entier (déterminé mod h) tel que $\zeta_k^{\mu_k} = \exp(2i\pi/h)$. Sous l'effet de r^{μ_k}, z_k est multiplié par $\exp(2i\pi/h)$ et la cellule b est changée en la cellule $\gamma^{\mu_k}b$, définie par $\arg z_k = \frac{2\pi}{h}$ qui borde à la fois a et $\gamma^{\mu_k}a$. Convenons d'orienter a et b de manière que b figure dans ∂a avec le coefficient -1. Alors $\gamma^{\mu_k}b$ figure aussi dans $\partial\gamma^{\mu_k}a$ avec le coefficient -1 et par suite dans ∂a avec le coefficient $+1$ ou -1 selon que r conserve ou renverse l'orientation. On a donc

$$\partial a = \begin{cases} (\ \gamma^{\mu_k} - 1)b & \text{si } r \text{ conserve l'orientation} \\ (-\gamma^{\mu_k} - 1)b & \text{si } r \text{ renverse l'orientation} \end{cases}$$

D'autre part, $\partial b = 0 \bmod P(r_{k-1})$.

Dans le cas où r conserve l'orientation, en se reportant au calcul de la torsion (n° 3) pour les systèmes où C' et C'' sont de rang 1, on obtient si $\theta(\gamma) = \zeta$,

$$\Delta_\theta(Q(r_k), P(r_{k-1})) = (\zeta^{\mu_k} - 1)^{\pm 1}$$

avec l'exposant +1 ou -1 selon que n est pair ou impair. Dans le cas où r renverse l'orientation, h est pair, μ_k est impair parce que premier à h, $-\zeta$ est en même temps que ζ une racine h-ième de l'unité et l'on obtient exactement la même expression en supposant que $\theta(\gamma) = -\zeta$. De (6.4) et (6.5) résulte alors

$$(6.6) \qquad \Delta_\theta(P(r), P(r_o)) = \prod_{k=1}^{m} (\zeta^{\mu_k} - 1)^\varepsilon$$

où $\varepsilon = (-1)^n$ et $\theta(\gamma) = -\zeta$ ou $+\zeta$ selon que r renverse ou conserve l'orientation, ζ étant une racine h-ième quelconque de l'unité distincte de 1.

Rappelons que cette valeur de la torsion n'est déterminée qu'à un facteur près de la forme $\pm\zeta^d$. Effectivement, nous avons choisi arbitrairement l'une ζ_k des deux racines caractéristiques conjuguées ζ_k et $\bar{\zeta}_k$; si nous avions pris l'autre, μ_k aurait été remplacée par $-\mu_k$, et comme

$$(\zeta^{-\mu_k} - 1) = -\zeta^{-\mu_k}(\zeta^{\mu_k} - 1)$$

on aurait bien le même résultat à un tel facteur près.

Nous sommes maintenant en mesure d'établir le théorème suivant :

<u>*THEOREME*</u> *: (6.7) : Si* $P(r)$ *et* $P(r')$ *sont combinatoirement équivalents,* r *et* r' *ont les mêmes racines caractéristiques.*

Si $P(r)$ et $P(r')$ sont combinatoirement équivalents, les paires $(P(r), P_f(r))$ et $(P(r'), P_f(r'))$ le sont aussi, et en vertu de (5.1), elles ont même torsion. Si $h = 2$ les racines caractéristiques valent 1 ou -1 , le nombre de celles qui sont égales à 1 est égal à $\dim P_f(r) + 1$, ce qui entraîne immédiatement la conclusion.

Raisonnant par récurrence, supposons le théorème établi pour les rotations d'ordre $< h$ et $h > 2$. Si d est un vrai diviseur de h, les sous-complexes $P(r_{(d)})$ et $P(r'_{(d)})$ de $P(r)$ et $P(r')$, formés de toutes les cellules laissées fixes par γ^d, étant combinatoirement équivalents, ont les mêmes racines caractéristiques. Par suite, r et r' ont les mêmes racines caractéristiques d'ordre d. Cela étant vrai pour tout vrai diviseur de h, r_o et r'_o (rotation définie à partir de r' comme r_o à partir de r) ont les mêmes racines caractéristiques, par suite $P(r_o)$ et $P(r'_o)$ sont isomorphes et les paires $(P(r_o), P_f(r))$ et $(P(r'_o), P_f(r'))$ ont la même torsion.

D'autre part, en vertu de (6.3) et (6.6), on a

$$\Delta_\theta(P(r), P_f(r)) = \Delta_\theta(P(r_o), P_f(r)). \prod_{k=1}^{m} (\zeta^{\mu_k} -1)$$

et une expression analogue avec r' au lieu de r. Les premiers facteurs étant égaux en vertu de l'hypothèse de récurrence, on en déduit

$$\prod_{k=1}^{m} (\zeta^{\mu_k} -1) = (\pm\zeta)^d \prod_{k=1}^{m} (\zeta^{\mu'_k} -1)$$

pour toute racine h-ième de l'unité $\zeta \neq \pm 1$, et en égalant les carrés des modules (pour éliminer le facteur indéterminé $(\pm\zeta)^d$)

$$(6.8) \quad \prod_{k=1}^{m} (\zeta^{\mu_k} -1)(\zeta^{-\mu_k} -1) = \prod_{k=1}^{m} (\zeta^{\mu'_k} -1)(\zeta^{-\mu'_k} -1)$$

Soit m_ν le nombre des entiers μ_k, $-\mu_k$ $(k = 1,\dots, m)$ qui sont congrus à ν (mod h), m'_ν le nombre analogue relatif aux μ'_k, $-\mu'_k$ et $a_\nu = m_\nu - m'_\nu$. Les entiers a_ν, définis par ν parcourant un système complet d'entiers premiers à h, satisfont aux hypothèses du théorème de Franz (voir ce séminaire pour une démonstration), ils sont tous nuls. Les entiers μ_k, $-\mu_k$ coïncident donc (mod h) et à l'ordre près avec les entiers μ'_k, $-\mu'_k$, d'où résulte que r et r' ont les mêmes racines caractéristiques qui sont racines primitives d'ordre h, ce qui achève la démonstration.

Dans le cas où toutes les racines caractéristiques sont primitives d'ordre h, $P_f(r)$ et $P(r_o)$ sont vides, le facteur $\Delta_\theta(P(r_o), P_f(r))$ est par définition égal à 1 et il est inutile de faire une récurrence.

7. Espaces lenticulaires, complexes de Milnor

Dans le cas où toutes les racines caractéristiques de r sont primitives d'ordre $h > 2$, r conserve l'orientation, n est impair, G opère librement sur P(r) et le quotient $P(r)/G = L(r)$ est un complexe cellulaire, dont l'espace topologique sous-jacent, quotient de $\mathbb{S}^n$ par le groupe des rotations G, est une variété appelée un <u>espace lenticulaire</u>. Si $(k,h) = 1$, r et r^k engendrent le même groupe et par suite L(r) et $L(r^k)$ sont identiques.

Si L(r) et L(r') sont combinatoirement équivalents, leur équivalence combinatoire induit une équivalence entre leurs revêtements universels P(r) et P(r'), dans laquelle r' correspond à une puissance r^k de r, de sorte que r' aura les mêmes racines caractéristiques que r^k. Ainsi, <u>pour que les espaces lenticulaires L(r) et L(r') soient combinatoirement équivalents, il faut et il suffit que r' ait les mêmes racines caractéristiques qu'une puissance r^k de r, k étant premier avec</u>

l'ordre h de r et de r' . Dans ce cas, les complexes $L(r)$ et $L(r')$ sont isomorphes.

Soit Q un complexe cellulaire fini simplement connexe, dont la caractéristique d'Euler-Poincaré est $\chi \neq 0$. Si les complexes à automorphismes $P(r) \times Q$ et $P(r') \times Q$ sont combinatoirement équivalents, ils ont la même torsion. En tenant compte de (5.3), on en déduit que les puissances d'exposant χ des deux membres de (6.8) sont égales, et comme ces deux membres sont positifs, ils sont égauc et par suite r et r' ont les mêmes racines caractéristiques. Or $P(r) \times Q$ et $P(r') \times Q$ sont les revêtements universels de $L(r) \times Q$ et $L(r') \times Q$. On en déduit comme ci-dessus que si $L(r) \times Q$ et $L(r') \times Q$ sont combinatoirement équivalents, r' a les mêmes racines caractéristiques qu'une puissance r^k de r et $L(r) = L(r')$.

Cela s'applique en prenant pour Q un disque D^n ou une sphère S^{2n} de dimension paire. Pour une sphère de dimension impaire, on ne peut rien conclure et le problème est ouvert.

Considérons $P(r) \times D^m$, en faisant opérer les automorphismes trivialement sur D^m . C'est une variété de bord $P(r) \times S^{m-1}$ et l'on déduit de (5.2) et (5.3)

$$\Delta_\theta(P(r) \times D^m \text{ , } P(r) \times S^{m-1}) = \Delta_\theta^\varepsilon(P(r))$$

avec $\varepsilon = -(-1)^m$. En réduisant $P(r) \times S^{m-1}$ à un point 0 , on réduit $P(r) \times D^m$ à un complexe $M(r)$ avec des automorphismes laissant 0 fixe, et l'on a

$$\Delta_\theta(M(r) \text{ , } 0) = \Delta_\theta^\varepsilon(P(r)) \quad .$$

Le quotient de $M(r)$ par le groupe d'automorphismes est un complexe $N(r)$ avec un point singulier $\underline{0}$, image de 0 , seul point n'ayant pas de voisinage homéomorphe à un espace cartésien. $N(r)$ se déduit de $L(r) \times D^m$ en réduisant le bord $L(r) \times S^{m-1}$ au point $\underline{0}$, et $M(r)$ est un revêtement de $N(r)$ ramifié en $\underline{0}$.

Soient $M(r')$ et $N(r')$ les complexes associés de la même manière à la rotation r' , O' le point fixe de $M(r')$. Si $N(r)$ et $N(r')$ sont combinatoirement équivalents, il existe un entier k tel que les paires $(M(r^k), O)$ et $(M(r'), O')$ sont combinatoirement équivalentes, ce qui entraîne comme ci-dessus $L(r) = L(r')$.

Or, si $L(r)$ et $L(r')$ sont à trois dimensions et ont le même type d'homotopie, un théorème de B. Mazur (voir ce Séminaire, exposé 5) permet d'affirmer que $N(r)$ et $N(r')$ sont homéomorphes si $m > 4$. Comme il existe des espaces lenticulaires de dimension 3 non combinatoirement équivalents ayant le même type d'homotopie, par exemple les espaces déduits des rotations de racines caractéristiques ζ, ζ , ζ^{-1} , ζ^{-1} et ζ, ζ^2, ζ^{-1}, ζ^{-2} avec $\zeta = \exp(2i\pi/7)$ (voir exposé 8), on voit que $N(r)$ et $N(r')$ peuvent être homéomorphes sans être combinatoirement équivalents. C'est le contre-exemple de Milnor à la Hauptvermutung.

REFERENCES

1. W.FRANZ : Ueber die Torsion einer Ueberdeckung. (Journal für die r.u.angew. Math. 173(1935) p. 245-253)
2. J. MILNOR : Two complexes which are homeomorphic but combinatorially distinct. (ann. of Math. 74(1961) p. 575-590)
3. J. MILNOR : A duality theorem for Reidemeister torsion. (Ann. of Math. 76(1962) p. 137-147)
4. K. REIDEMEISTER : Homotopieringe und Linsenräume. (Hamburger Abhandlungen 11(1935))
5. G.DE RHAM : Sur les nouveaux invariants topologiques de M. Reidemeister. (Recueil math. Moscou 43(1936), p. 737-742)
6. G.DE RHAM : Sur les complexes avec automorphismes. (Commentarii Math. Helv. 12(1939), p. 191-211)
7. G.DE RHAM : Complexes à automorphismes et homéomorphie différentiable (Ann. Inst. Fourier II(1950) p. 51-67)
8. G.DE RHAM : Reidemeister's torsion invariant and rotations of S^n, (in "Differential Analysis", published for the Tata Institute of fundamental research, Bombay-Oxford University Press 1964, p. 27-36)
9. J.H.C. WHITEHEAD : Simple homotopy types.(Am.Journ.of Math. 72(1950) p. 1-57)

III. TYPE SIMPLE D'HOMOTOPIE (Théorie algébrique)

Exposé de S. Maumary

1. Le groupe de Whitehead W(G) d'un groupe G

Soit $A = \mathbb{Z}G$ l'anneau des combinaisons linéaires formelles d'éléments de G à coefficients dans $\mathbb{Z}$. Pour $n \leq m$ on a une injection j_{nm} de $GL(n,A)$ dans $GL(m,A)$ donnée par

$$x \longrightarrow j_{nm}(x) = \begin{pmatrix} x & 0 \\ 0 & 1 \end{pmatrix}$$

où $x \in GL(n,A)$, $1 \in GL(m-n,A)$.

Il est facile de vérifier que $(GL(n,A), j_{nm})$ est un système inductif de groupes ; on désigne par $GL(A)$ sa limite inductive $\varinjlim GL(n,A)$. Dans la suite nous identifierons toujours les matrices $x \in GL(n,A)$, $(n \in N)$ à leur image canonique dans $GL(A)$.

Considérons le sous-groupe $SL(A)$ de $GL(A)$ engendré par les matrices de la forme $1+\lambda E_{ij}$, $i \neq j$, $\lambda \in A$ où (E_{ij}) est une matrice carrée dont tous les termes sont nuls sauf celui d'indice (i,j), qui vaut 1.

PROPOSITION 1 : $SL(A)$ *est le groupe des commutateurs* $[GL(A), GL(A)]$ *de* $GL(A)$.

Pour trois indices distincts i, j, k, on a, en remarquant que $(1+\lambda E_{ij})^{-1} = 1 - \lambda E_{ij}$.

$$(1+\lambda E_{ij})(1+\mu E_{jk})(1-\lambda E_{ij})(1-\mu E_{jk}) = (1+\lambda E_{ij}+\mu E_{jk}+\lambda\mu E_{ik})\cdot$$

$$\cdot(1-\lambda E_{ij}-\mu E_{jk}+\lambda\mu E_{ik}) = 1+\lambda\mu E_{ik} .$$

ce qui montre que :

$$SL(A) \subset [GL(A)\ ,\ GL(A)]\ .$$

Pour vérifier l'inclusion contraire, introduisons la relation d'équivalence "il existe $\alpha, \beta \in SL(A)$ tels que $x = \alpha y \beta$" , que nous noterons simplement $x \equiv y$. Nous allons montrer que $xy \equiv yx$ quels que soient x , y dans $GL(A)$. En effet, faisons des transformations par blocs, dont les matrices blocs appartiennent à $SL(A)$; on a successivement, pour 1, x, y dans $GL(n,A)$,

$$\equiv \begin{pmatrix} xy & 0 \\ 0 & 1 \end{pmatrix} \equiv \begin{pmatrix} xy & x \\ 0 & 1 \end{pmatrix} \equiv \begin{pmatrix} 0 & x \\ -y & 1 \end{pmatrix} \equiv \begin{pmatrix} 0 & x \\ -y & 0 \end{pmatrix} \equiv$$

$$\equiv \begin{pmatrix} y & x \\ -y & 0 \end{pmatrix} \equiv \begin{pmatrix} y & x \\ 0 & x \end{pmatrix} \equiv \begin{pmatrix} y & 0 \\ 0 & x \end{pmatrix} \equiv \begin{pmatrix} y & 0 \\ -x & x \end{pmatrix} \equiv$$

$$\equiv \begin{pmatrix} y & y \\ -x & 0 \end{pmatrix} \equiv \begin{pmatrix} 0 & y \\ -x & 0 \end{pmatrix} \equiv \begin{pmatrix} yx & 0 \\ 0 & 1 \end{pmatrix}$$

En appliquant d'abord ce résultat au cas où $y = x^{-1}\gamma$ avec $\gamma \in SL(A)$ et $x \in GL(A)$, on voit que $\gamma \equiv x^{-1}\gamma x$, c'est-à-dire que $SL(A)$ est invariant. Enfin, pour x, $y \in GL(A)$, $xy = \alpha y x \beta$, α, $\beta \in SL(A) \longrightarrow xyx^{-1}y^{-1} = \alpha (yx)\ \beta (yx)^{-1}$ et comme $SL(A)$ est invariant, $(yx)\ \beta (yx)^{-1} \in SL(A)$, d'où $xyx^{-1}y^{-1} \in SL(A)$.

On remarquera qu'il nous a suffit de transformer les $2n$ premières lignes et colonnes pour montrer que $xy \equiv yx$.

Considérons maintenant le sous-groupe ε_G de $GL(A)$ engendré par $SL(A)$ et les matrices de la forme

$$\begin{pmatrix} 1 & & & & 0 \\ & \ddots & & & \\ & & \pm g & & \\ & & & \ddots & \\ 0 & & & & 1 \end{pmatrix} \qquad \text{où } g \in G$$

ε_G contient les matrices qui permutent deux vecteurs distincts de la base canonique de $A^{(N)}$ et il contient le groupe des commutateurs, donc $GL(A)/\varepsilon_G$ est commutatif.

Définition 1 : On dit que le groupe $W(G) = GL(A)/\varepsilon_G$ est le groupe de Whitehead du groupe G . C'est un groupe abélien que l'on notera additivement. L'homomorphisme canonique

$$\tau : GL(A) \longrightarrow W(G)$$

s'appelle l'homomorphisme de torsion et, pour tout $x \in GL(A)$, on dit que $\tau(x)$ est la torsion de la matrice x .

Remarques :

1) La torsion d'une matrice triangulaire par blocs $\begin{pmatrix} x & z \\ 0 & y \end{pmatrix}$ ne dépend que des torsions de x et y. En effet

$$\begin{pmatrix} x & z \\ 0 & y \end{pmatrix} = \begin{pmatrix} 1 & z \\ 0 & y \end{pmatrix}\begin{pmatrix} x & 0 \\ 0 & 1 \end{pmatrix} = \begin{pmatrix} 1 & 0 \\ 0 & y \end{pmatrix}\begin{pmatrix} x & 0 \\ 0 & 1 \end{pmatrix}$$

donc $\tau\left(\begin{pmatrix} x & z \\ 0 & y \end{pmatrix}\right) = \tau(x) + \tau(y)$.

2) Si $G = \mathbb{Z}$ ou si G est cyclique d'ordre 1, 2, 3, ou 4, alors $W(G) = 0$.
Si G est un groupe abélien fini et s'il existe des éléments inversibles u d'ordre infini dans $A = \mathbb{Z}G$, $W(G)$ est infini ; c'est par exemple le cas lorsque $G = \mathbb{Z}/_{5\mathbb{Z}}$ pour $u = 1+\gamma+\gamma^{-1}$ où γ est le générateur de G . (cf. Higman : Proc. of London Math. Soc. 46, 1940).

2. A-modules avec G-famille de bases finies.

Etant donnée une base finie (e_i) d'un A-module C , on peut considérer toutes les bases qui s'obtiennent à partir de (e_i) à l'aide d'une matrice P de torsion nulle (remarquons que P est nécessairement carrée, vu l'homomorphisme $A \longrightarrow \mathbb{Z}$) ainsi :

Définition 2 *: On appelle G-famille de bases de C engendrée par une base* $(e_i)_{i=1,\dots,n}$ *la famille des bases* $(P(e_i))$ *obtenue lorsque* $P \in GL(n,A)$ *parcourt l'ensemble des matrices telles que* $\tau(P) = 0$.

Etant donné deux A-modules avec G-famille de bases, la juxtaposition des bases représente une G-famille déterminée dans $C \oplus C'$ ce qui définit la somme directe de A-modules avec G-famille de bases. Nous sous-entendrons dans " somme directe " qu'il s'agit de cette G-famille.

A tout isomorphisme $f : C \longrightarrow C'$ de A-modules, on fait correspondre la matrice $[f]$ relative aux G-familles de bases données dans C et C' respectivement. $[f]$ n'est pas unique, mais sa torsion ne dépend pas des bases représentant les G-familles données.

Définition 3 *: Pour des modules à droite (resp. à gauche) on dit que* $\tau([f])$ *(resp.* $\tau([f]^t)$ *) est la* ***torsion*** *de l'isomorphisme* $f : C \longrightarrow C'$ *et on la note* $\tau(f)$ *. Si* $\tau(f) = 0$ *, on dit que f est un isomorphisme* ***simple****, ce que l'on note* $f : C \simeq C' \ (\Sigma)$ *. (Il est évident que l'isomorphisme réciproque d'un isomorphisme simple est encore simple).*

3. A-systèmes.

Un A-système est une suite de A-modules C_i avec G-famille de bases, munie d'une différentielle d, $(d^2 = 0)$ telle que sa graduation soit positive, et $C_i = 0$ pour i assez grand.

$$C : \dots \longrightarrow 0 \longrightarrow C_n \xrightarrow{d_n} \dots \qquad \dots \longrightarrow C_1 \xrightarrow{d_1} C_0 \longrightarrow 0$$

Un isomorphisme simple de A-systèmes est une famille d'isomorphismes $f_i : C_i \longrightarrow C'_i$ $(i \geq 0)$ telle que $d'_i f'_i = f_{i-1} d_i$ et $\tau(f_i) = 0$; on note $f : C \simeq C' \ (\Sigma)$.

On dit qu'un A-système est un <u>système trivial élémentaire</u> si tous ses modules sont nuls sauf deux C_n, C_{n-1} et si $d_n : C_n \longrightarrow C_{n-1}$ est un isomorphisme simple. On dit qu'un A-système est <u>trivial</u> s'il est somme directe <u>finie</u> de systèmes triviaux élémentaires.

<u>Définition 4</u> : On dit que deux A-systèmes C *et* C' *sont <u>équivalents</u> et l'on note*

$$C \equiv C' \ (\Sigma)$$

s'il existe deux systèmes triviaux T , T' *tels que*

$$C \oplus T \simeq C' \oplus T' \ (\Sigma) \quad .$$

(On vérifie sans peine qu'il s'agit d'une relation d'équivalence).

4. Torsion d'un A-système acyclique.

Un A-système C est dit acyclique si la suite

$$C : \ldots \longrightarrow 0 \longrightarrow C_n \xrightarrow{d_n} \ldots \quad \ldots \longrightarrow C_1 \xrightarrow{d_1} C_o \longrightarrow 0$$

est exacte ou, ce qui revient au même, si les groupes d'homologie $H_n(C)$ sont tous nuls. Comme les modules C_i $(i \geq 0)$ sont libres, il existe un <u>opérateur de déformation</u> $\eta : C \longrightarrow C$ tel que

$$\eta d + d\eta = 1_C$$

Il est avantageux de remplacer η par $\delta = \eta d \eta$ qui est encore un opérateur de déformation :

$$\delta d + d\delta = \eta d\eta d + d\eta d\eta = \eta d + d\eta = 1_C$$

mais qui jouit de la propriété

$$\delta^2 = \eta d\eta\eta d\eta = \eta^2 d\eta - \eta^2 d\eta d\eta = \eta^2 d\eta - \eta^2 d\eta = 0 \quad .$$

Le morphisme $\partial = d + \delta$ est alors un automorphisme de C car $\partial^2 = (d + \delta)^2 = d\delta + \delta d = 1_C$.

Considérons les modules suivants :

$$C_{pair} = \bigoplus_{i\geq 0} C_{2i} \qquad\qquad C_{imp} = \bigoplus_{i\geq 0} C_{2i+1}$$

La restriction de ∂ à C_{pair} est un isomorphisme :

$$0 \longrightarrow C_{pair} \xrightarrow{\partial} C_{imp} \longrightarrow 0$$

Montrons que la torsion de l'homomorphisme ∂ ne dépend que du système C et non de l'opérateur de déformation η choisi. Soit $\overline{\eta}$ un autre opérateur de déformation qui définit $\overline{\delta}$ et $\overline{\partial} = d + \overline{\delta}$ et considérons le diagramme

$$\begin{array}{ccccc} & C_{pair} & \xrightarrow{\ \partial\ } & C_{imp} & \\ 1 + \overline{\delta}\delta & \downarrow & & \downarrow & 1 + \overline{\delta}\delta \\ & C_{pair} & \xrightarrow{\ \overline{\partial}\ } & C_{imp} & \end{array}$$

Il est commutatif car

$$\overline{\partial}(1 + \overline{\delta}\delta) = d + d\overline{\delta}\delta + \overline{\delta} = d + \overline{\delta} + \delta - \overline{\delta}d\delta =$$

$$= d + \overline{\delta} + \delta - \overline{\delta} + \overline{\delta}\delta d = (1 + \overline{\delta}\delta)\partial$$

$1 + \overline{\delta}\delta$ est un isomorphisme simple car la matrice de sa restrition à C_{pair} est triangulaire par blocs :

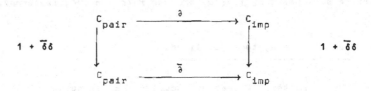

$$
\begin{array}{c|c|c|c}
 & C_0 & C_2 & \cdot \\
C_0 & 1 & 0 & \\
\hline
C_2 & \bar{\delta}\delta & 1 & \\
\hline
C_4 & 0 & \bar{\delta}\delta & 1 \\
\hline
\vdots & & &
\end{array}
$$

et la matrice de sa restriction à C_{imp} est

$$
\begin{array}{c|c|c|c}
 & C_1 & C_3 & \cdot \\
C_1 & 1 & 0 & \\
\hline
C_3 & \bar{\delta}\delta & 1 & \\
\hline
C_5 & 0 & \bar{\delta}\delta & 1 \\
\hline
\vdots & & &
\end{array}
$$

Le diagramme montre que

$$\tau(\bar{\partial}) = \tau(\partial)$$

ce qui permet de poser la définition suivante :

<u>Définition 5</u> : On appelle <u>torsion</u> d'un complexe acyclique C *et l'on note* $\tau(C)$ *la torsion* $\tau(\partial)$ *de*

$$\partial : C_{pair} \longrightarrow C_{imp}$$

où ∂ *se définit par un opérateur de déformation quelconque, de carré nul.*

Remarques :

Pour tout $i \geq 0$, la suite exacte de modules (sans G-famille de bases)

$$0 \longrightarrow dC_{i+1} \overset{d\eta}{\rightleftarrows} C_i \xrightarrow{\eta d} \delta C_{i-1} \longrightarrow 0$$

est scindée. Ainsi, les sous-modules pair et impair et l'isomorphisme ∂ se décomposent en

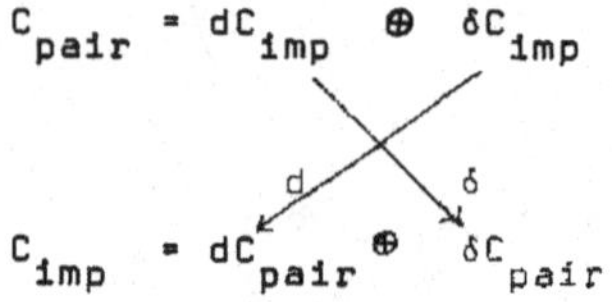

Considérons un homomorphisme $A \longrightarrow K$ où K est un corps commutatif (par exemple $A \longrightarrow \mathbb{Q}$). Par extension des scalaires, les modules ci-dessus deviennent des espaces vectoriels et les bases distinguées dans C_{pair} et C_{imp} y donnent des volumes distingués

c'' et c' . On a alors $[\partial] = \left(\begin{array}{c|c} d & 0 \\ \hline 0 & \delta \end{array} \right)$ où d est l'isomorphisme $C_{pair}/dC_{imp} \longrightarrow dC_{pair}$ induit par ∂ et δ l'isomorphisme inverse de $C_{imp}/dC_{pair} \longrightarrow dC_{imp}$. D'où $\text{dét}[\partial] = D(c'/c'')$.

(cf. de Rham, exposé 2, p. 20).

Il est clair que

$$\tau(C' \oplus C'') = \tau(C') + \tau(C'') \quad .$$

Remarquons que si la suite exacte de systèmes

$$0 \longrightarrow C' \xrightarrow{i'} C \xrightarrow{p''} C'' \longrightarrow 0$$

est scindée en tant que suite de modules, et si C'' est acyclique alors la suite est scindée pour les systèmes (il suffit de remplacer les homomorphismes $C' \xleftarrow{p'} C \xleftarrow{i''} C''$ tels que

$i'p' + i''p'' = 1_C$ par $C' \xleftarrow{q} C \xleftarrow{j} C''$ où $j = di''\eta + i''\eta d$,
$q = p' - p'di'\eta p''$, η étant un opérateur de déformation dans C'' :

$$dj = jd'' \qquad i'q + jp'' = 1_C \qquad d'q = qd\ )$$

Donc si C' et C'' sont acyclique, C l'est aussi et si la G-famille de bases dans C est la somme directe de celles dans C' et C'',

$$\tau(C) = \tau(C') + \tau(C'') \quad .$$

__THEOREME 1__ : Pour que $C \equiv C'(\Sigma)$ *où* C *et* C' *sont acycliques, il faut et il suffit que* $\tau(C) = \tau(C')$.

__Preuve__ : En effet si $C \equiv C'(\Sigma)$, il existe des systèmes triviaux T et T' tels que

$$C \oplus T \approx C' \oplus T'(\Sigma)$$

et l'on a alors $\tau(C) = \tau(C')$.

Réciproquement, pour montrer que $C \equiv C'(\Sigma)$ si $\tau(C) = \tau(C')$, on va se ramener au cas où C et C' ne comportent chacun que deux modules non nuls. Pour cela, on définit un système C^δ à partir de C , à l'aide de l'opérateur de déformation δ tel que $\delta^2 = 0$

$$C^\delta : \ldots \longrightarrow 0 \longrightarrow C_n \xrightarrow{d} \ldots \longrightarrow C_3 \underset{\delta}{\overset{d}{\rightleftarrows}} C_2 \oplus C_0 \underset{\delta \oplus d}{\overset{d+\delta}{\rightleftarrows}} C_1 \longrightarrow 0 \longrightarrow 0$$

(étant entendu que les homomorphismes notés indiquent les restrictions convenables aux modules figurant aux extrémités de chaque flèche).

LEMME :

(i) C^{δ} *est de longueur strictement plus petite que* C *(La longueur est le nombre de modules non nuls)*

(ii) $\tau(C^{\delta}) = \tau(C)$

(iii) $C^{\delta} \equiv C(\Sigma)$.

<u>Démonstration</u> : (i) est trivial. Pour montrer (ii), remarquons que

$$[\partial] = \begin{array}{c} \\ C_1 \\ C_3 \\ C_5 \\ \vdots \end{array} \begin{array}{c} C_0 \quad C_2 \quad C_4 \ldots \\ \begin{pmatrix} \delta & d & 0 & \\ 0 & \delta & d & \\ 0 & 0 & \delta & \\ & & & \end{pmatrix} \end{array} \qquad [\bar{\partial}] = \begin{array}{c} \\ C_1 \\ C_3 \\ C_5 \\ \vdots \end{array} \begin{array}{c} C_0 \quad C_2 \quad C_4 \ldots \\ \begin{pmatrix} \delta & d & 0 & \\ 0 & \delta & d & \\ 0 & 0 & \delta & \\ & & & \end{pmatrix} \end{array}$$

$\partial = d + \delta$ $\qquad \bar{\partial} = \bar{d} + \bar{\delta}$ $\qquad \bar{d}, \bar{\delta}$ étant la différentielle et la déformation dans C^{δ} , ce qui donne $\tau(C^{\delta}) = \tau(C)$.

Pour montrer (iii), considérons le diagramme

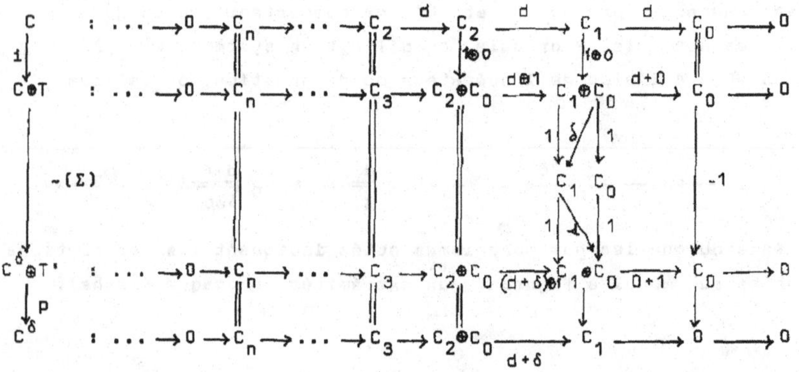

Il est commutatif ; vérifions les commutativités non évidentes :

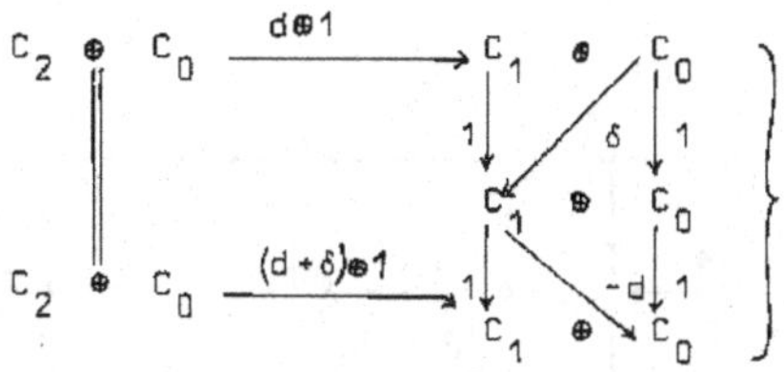

soient $c_2 \in C_2$, $c_0 \in C_0$; on a successivement

$f(d+1)(c_2+c_0) = f(dc_2+c_0) = (1-d)(dc_2-\delta c_0+c_0) = dc_2+\delta c_0-d\delta c_0+c_0 =$

$dc_2+\delta c_0 = (d+\delta)(c_2+c_0)$ car $d\delta|_{c_0} = 1_{c_0}$.

Voyons encore :

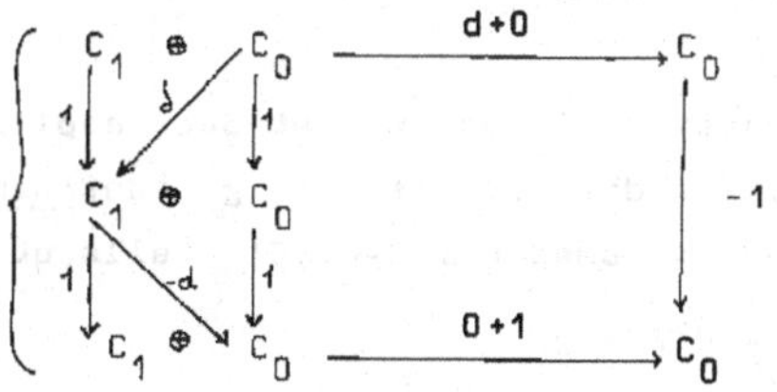

soient $c_1 \in C_1$, $c_0 \in C_0$; on a successivement

$(0+1)\ f(c_1+c_0) = (0+1)(1-d)(c_1+\delta c_0+c_0) =$

$= (0+1)(c_1-dc_1-d\delta c_0+c_0+\delta c_0) =$

$= (0+1)(c_1-dc_1+\delta c_0) = -\ dc_1 = (-1)(d+0)(c_1+c_0)$.

Le lemme étant établi, on peut supposer que C et C' sont tous deux de la forme

$C\ :\ \dots \longrightarrow C_n \xrightarrow{d} C_{n-1} \longrightarrow 0 \longrightarrow \dots \quad \dots \longrightarrow 0$

$C'\ :\ \dots \longrightarrow C'_n \xrightarrow{d'} C'_{n-1} \longrightarrow 0 \longrightarrow \dots \quad \dots \longrightarrow 0$ avec $\tau(d) = \tau(d')$.

On a donc :

$$
(\Sigma)\qquad
\begin{array}{lcccccccc}
C & : \dots 0 \longrightarrow & C_n & \longrightarrow & C_{n-1} & \longrightarrow & 0 \longrightarrow \dots & \longrightarrow & 0 \\
\downarrow & & \downarrow & & \downarrow & & & & \\
C\oplus T & : \dots 0 \longrightarrow & C_n \oplus C'_n & \xrightarrow{d\oplus 1} & C_{n-1} \oplus C'_n & \longrightarrow & 0 \longrightarrow \dots & \longrightarrow & 0 \\
\wr\| & & \| & & \downarrow d^{-1} \qquad \downarrow d' & & & & \\
C'\oplus T' & : \dots 0 \longrightarrow & C_n \oplus C'_n & \xrightarrow{1\oplus d'} & C_n \oplus C'_{n-1} & \longrightarrow & 0 \longrightarrow \dots & \longrightarrow & 0 \\
\downarrow & & \downarrow & & \downarrow & & & & \\
C' & : \dots 0 \longrightarrow & C'_n & \longrightarrow & C'_{n-1} & \longrightarrow & 0 \longrightarrow \dots & \longrightarrow & 0
\end{array}
$$

ce qui montre que $C \equiv C'(\Sigma)$.

5. Torsion d'une équivalence homotopique.

Etant donnés deux A-systèmes C et C' et deux applications (de système) $f, g : C \longrightarrow C'$, on dit que f et g sont <u>homotopes</u> s'il existe une application de systèmes $h : C \longrightarrow C'$ telle que

$$f - g = d'h + hd$$

ce qu'on note $f \simeq g$.

On dit qu'une application $f : C \longrightarrow C'$ est une <u>équivalence homotopique</u> s'il existe une application $g : C' \longrightarrow C$ telle que $fg \simeq 1_{C'}$ et $gf \simeq 1_C$ et l'on note $f : C \equiv C'$.

A tout morphisme $f : C \longrightarrow C'$ on peut associer le système $M(f)$ suivant

$$M(f)_i = C_{i-1} \oplus C'_i \qquad\qquad \partial^f = d' - d + f$$

En effet, soient $c_{i-1} \in C_{i-1}$, $c'_i \in C'_i$, on a :

$$\partial^f \partial^f(c_{i-1} + c'_i) = \partial^f(-dc_{i-1} + fc_{i-1} + d'c'_i) =$$

$$= -fdc_{i-1} + d'fc_{i-1} = 0 \quad .$$

On dit que $M(f)$ est le <u>cylindre de l'application f (mod C) ou le cône de f</u> .

La suite de A-systèmes

$$0 \longrightarrow C' \longrightarrow M(f) \longrightarrow C \longrightarrow 0$$

est exacte et scindée en tant que suite de A-modules.

Si f est une équivalence homotopique $C \equiv C'$, la suite exacte d'homologie

$$\longrightarrow H_i(C') \longrightarrow H_i(M(f)) \longrightarrow H_{i-1}(C) \xrightarrow{H(f)} H_{i-1}(C') \longrightarrow \cdots$$

montre que $H(M(f)) = 0$ puisque $H(C)$ et $H(C')$ sont isomorphes par $H(f)$. Ainsi $M(f)$ est un système acyclique:

<u>*Définition 6*</u> *: On appelle torsion* $\tau(f)$ *d'une équivalence homotopique* $f : C \equiv C'$ *, la torsion* $\tau(M(f))$ *de son cylindre* (mod C).

<u>Remarques</u> :

1) Si $f : C \equiv C'$ et si C, C' sont acycliques, on a

$$\tau(f) = \tau(C') - \tau(C) .$$

2) Si l'équivalence homotopique f est un isomorphisme simple $f : C \approx C'(\Sigma)$, alors $\tau(f) = 0$.

En effet, sans hypothèses sur l'isomorphisme f, $1 \oplus f^{-1}$ est un isomorphisme de $M(f)$ sur $M(1_C)$:

$$\begin{array}{ccccccccccc}
M(f) : & \cdots \to 0 \to & C_n & \to & C_{n-1} \oplus C'_n & \xrightarrow{-d \oplus (d'+f)} & C_{n-2} \oplus C'_{n-1} & \to \cdots \to & C'_0 & \to \\
\downarrow 1 \oplus f^{-1} & & \downarrow 1 & & \downarrow 1 \quad \downarrow f^{-1} & & \downarrow 1 \quad \downarrow f^{-1} & & \downarrow f^{-1} & \\
M(1_C) : & \cdots \to 0 \to & C_n & \to & C_{n-1} \oplus C_n & \xrightarrow[-d \oplus (d+1)]{} & C_{n-2} \oplus C_{n-1} & \to \cdots \to & C_0 & \to
\end{array}$$

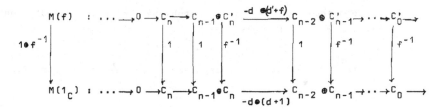

D'autre part, $M(1_C)$ est simplement isomorphe au système M_o suivant (M_o trivial)

$$
\begin{array}{llccccccccccccc}
M_o & : \ldots \longrightarrow & 0 & \longrightarrow & C_n & \xrightarrow{1_{C_n}} & C_{n-1} \oplus C_n & \xrightarrow{1_{C_{n-1}}+0} & C_{n-2} \oplus C_{n-1} & \longrightarrow & \ldots & \longrightarrow & C_0 & \longrightarrow & 0 \\
\uparrow {\scriptstyle 1+d} & & & & \uparrow {\scriptstyle 1} & & \uparrow {\scriptstyle 1} \nwarrow {\scriptstyle d} \uparrow {\scriptstyle 1} & & \uparrow {\scriptstyle 1} \nwarrow {\scriptstyle d} \uparrow {\scriptstyle 1} & & & & \uparrow {\scriptstyle 1} & & \\
M(1_C) & : \ldots \longrightarrow & 0 & \longrightarrow & C_n & \longrightarrow & C_{n-1} \oplus C_n & \longrightarrow & C_{n-2} \oplus C_{n-1} & \longrightarrow & \ldots & \longrightarrow & C_0 & \longrightarrow & 0
\end{array}
$$

Ainsi, $\tau(1_C) = 0$. Considérons le diagramme de A-modules suivant:

$$
\begin{array}{ccc}
M(f)_{pair} = C_{imp} \oplus C'_{pair} & \longrightarrow & M(f)_{imp} = C_{pair} \oplus C'_{imp} \\
\downarrow {\scriptstyle 1 \oplus f^{-1}} & & \downarrow {\scriptstyle 1 \oplus f^{-1}} \\
M(1)_{pair} = C_{imp} \oplus C_{pair} & \longrightarrow & M(1)_{imp} : C_{pair} \oplus C_{imp}
\end{array}
$$

Il est évident qu'il est commutatif et il fournit la relation:

$$- \Sigma\, \tau(f_{2i}) + \tau(1_C) = \tau(f) - \Sigma\, \tau(f_{2i+1})$$

qui s'écrit encore

$$\tau(f) = \sum_i (-1)^{i+1}\, \tau(f_i) \qquad f : C \simeq C'.$$

Si f est simple, $\tau(f_i) = 0$ pour tout i et, par conséquent, $\tau(f) = 0$.

3) $\tau(f)$ ne dépend que de la classe d'homotopie de l'équivalence homotopique f , car si des morphismes $g, h : C \longrightarrow C'$ sont tels que $g - h = d'k + kd$

$$k : C \longrightarrow C'$$

alors $1 \oplus (1 + k)$ est un isomorphisme simple de $M(g)$ sur $M(h)$.

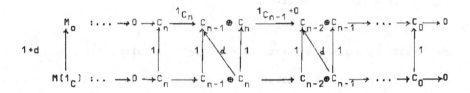

4) Si $f : C \equiv C'$, $g : C' \equiv C''$ sont deux équivalences homotopiques, on a

$$\tau(gf) = \tau(g) + \tau(f) .$$

En effet, le module $D = M(f) \oplus M(g)$ muni de la différentielle

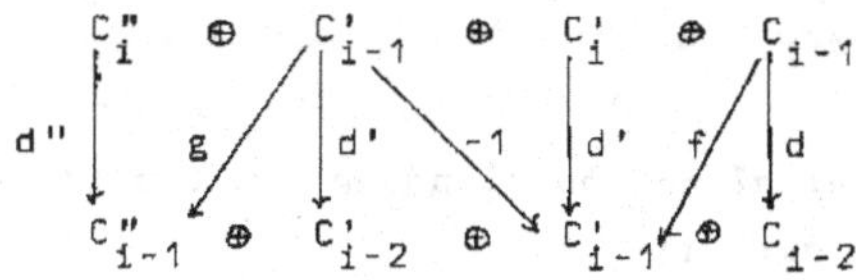

est un A-système et on a la suite exacte

$$0 \longrightarrow M(f) \longrightarrow D \longrightarrow M(g) \longrightarrow 0$$

qui donne

$$\tau(D) = \tau(f) + \tau(g) .$$

D'autre part, le module $D' = M(gf) \oplus M(-1_{C'})$ muni de la différentielle

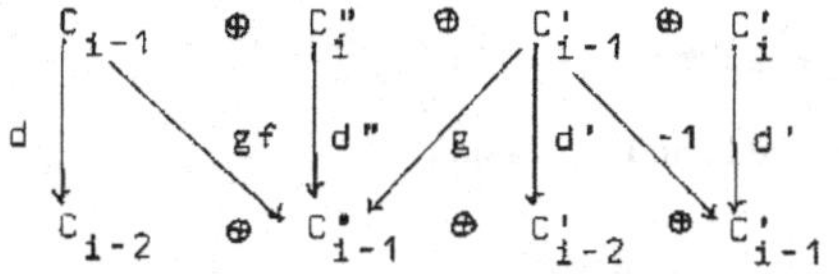

est un A-système et l'on a la suite exacte

$$0 \longrightarrow M(gf) \longrightarrow D' \longrightarrow M(-1_{C'}) \longrightarrow 0$$

ce qui donne

$$\tau(D') = \tau(gf)$$

et comme $1\oplus 1 \oplus (1-f) \oplus 1$ est un isomorphisme simple de D sur D', on a $\tau(D) = \tau(D')$ d'où notre assertion .

<u>*Définition 7*</u> : *On dit qu'une équivalence homotopique* $f : C \equiv C'$ *est simple s'il existe des systèmes triviaux* T, T' *et un isomorphisme simple* h *tels que le diagramme*

$$\begin{array}{ccc} C & \xrightarrow{\quad f \quad} & C' \\ {\scriptstyle i}\downarrow & & \uparrow{\scriptstyle p'} \\ C \oplus T & \underset{h}{\xrightarrow{\quad \approx \quad}} & C' \oplus T' \end{array}$$

soit homotopiquement commutatif.

__THEOREME 2__ : Pour qu'une équivalence homotopique $f : C \equiv C'$ *soit simple, il faut et il suffit que* $\tau(f) = 0$.

__Preuve__ : La condition est nécessaire. Remarquons tout d'abord que i est une équivalence homotopique ; en effet, la suite

$$0 \longrightarrow C \underset{i}{\overset{r}{\leftrightarrows}} C \oplus T \underset{p}{\overset{s}{\leftrightarrows}} T \longrightarrow 0$$

est scindée et comme T est acyclique, il admet un opérateur de déformation $\eta : T \longrightarrow T$, $1_T = d''\eta + \eta d''$. On peut alors écrire

$$\begin{aligned} 1_{C \oplus T} - ir = sp &= s(d''\eta + \eta d'')p = \\ &= sd''\eta p + s\eta d''p = \\ &= d(s\eta p) + (s\eta p)\, d \quad . \end{aligned}$$

La suite exacte

$$0 \longrightarrow M(1_C) \longrightarrow M(i) \longrightarrow T \longrightarrow 0$$

montre que $\tau(i) = 0$.

p' est également une équivalence homotopique simple : si l'on applique les résultats ci-dessus à la suite exacte

$$0 \longrightarrow T' \underset{p'}{\overset{s'}{\leftrightarrows}} C' \oplus T' \leftrightarrows C' \longrightarrow 0$$

on voit que p' est un inverse homotopique de s' et

$$0 = \tau(1_{T'}) = \tau(p's') = \tau(p') + \tau(s') = \tau(p') \quad .$$

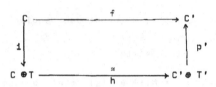

Comme f est homotope à $p'hi$ et comme $\tau(h) = 0$, on a

$$\tau(f) = 0 \quad .$$

La condition est suffisante. Appelons dimension d'un système C le plus grand indice n tel que $C_n \neq 0$. Montrons par récurrence sur k qu'il existe des systèmes triviaux T, T' de dimension inférieure à k et une application

$$g : E = C \oplus T \longrightarrow E' = C' \oplus T' \qquad \text{avec } f = p'gi$$

$$\text{où } i : C \longrightarrow E \text{ , } p' : E' \longrightarrow C'$$

qui est un isomorphisme simple en degrés inférieurs à $k - 1$.

(Cette hypothèse est trivialement vraie pour $k=0$).

Désignons par $B = \operatorname{Im} d$ et par H le groupe d'homologie de E et considérons le diagramme suivant, dont les lignes sont exactes :

$$\begin{array}{ccccccccc}
0 & \longrightarrow & H_k & \longrightarrow & E_k/B_k & \longrightarrow & B_{k-1} & \longrightarrow & 0 \\
 & & {\scriptstyle H(g)}\downarrow\wr & & \downarrow{\scriptstyle \bar{g}} & & {\scriptstyle g}\downarrow\wr & & \\
0 & \longrightarrow & H'_k & \longrightarrow & E'_k/B'_k & \longrightarrow & B'_{k-1} & \longrightarrow & 0
\end{array}$$

On en déduit que $\bar{g}$ est un isomorphisme. Le diagramme exact

$$\begin{array}{ccccccccc}
0 & \longrightarrow & B_k & \longrightarrow & E_k & \xrightarrow{\phi} & E_k/B_k & \longrightarrow & 0 \\
 & & {\scriptstyle g}\downarrow & & {\scriptstyle g}\downarrow & & \downarrow{\scriptstyle \bar{g}} & & \\
0 & \longrightarrow & B'_k & \longrightarrow & E'_k & \xrightarrow{\phi'} & E'_k/B'_k & \longrightarrow & 0
\end{array}$$

montre alors qu'il existe des applications

$$g' = E'_k \longrightarrow E_k \qquad\qquad s' : E'_k \longrightarrow E'_{k+1}$$

telles que $1-gg' = d's'$ (g' se construit en relevant $\bar{g}^{-1}\phi'$; on a donc $\phi g' = \bar{g}^{-1}\phi'$, $\phi'(1-gg') = \phi'-\bar{g}\phi g' = 0$

ce qui montre que $1-gg' : E'_k \longrightarrow B'_k$; enfin s' relève $1-gg'$.

$$\begin{array}{ccccc} E'_{k+1} & \xrightarrow{\quad d' \quad} & B'_k & \longrightarrow & 0 \\ & {\scriptstyle s'}\nwarrow & & \nearrow{\scriptstyle 1-gg'} & \\ & & E'_k & & \end{array}$$

On pose

$$\begin{array}{ccccccccc}
\tilde{E} = \cdots \longrightarrow & E_{k+2} & \xrightarrow{d} & E_{k+1} \oplus E'_k & \xrightarrow{d\oplus 1} & E_k \oplus E'_k & \xrightarrow{d} & E_{k-1} & \longrightarrow \cdots \\
\Big\downarrow{\scriptstyle \tilde{g}} & \Big\downarrow{\scriptstyle g} & & {\scriptstyle g}\Big\downarrow \;{\scriptstyle s'} \times {\scriptstyle d}\; \Big\downarrow{\scriptstyle -g} & & {\scriptstyle 1}\Big\downarrow \swarrow{\scriptstyle -g'} \Big\downarrow{\scriptstyle 1} & & \Big\downarrow{\scriptstyle g} & \\
 & & & & & E_k \oplus E'_k & & & \\
 & & & & & {\scriptstyle 1}\Big\downarrow \searrow{\scriptstyle g} \Big\downarrow{\scriptstyle 1} & & & \\
\tilde{E}' = \cdots \longrightarrow & E'_{k+2} & \xrightarrow{d'} & E'_{k+1} \oplus E_k & \xrightarrow{d'\oplus 1} & E_k \oplus E'_k & \xrightarrow{d'} & E'_{k-1} & \longrightarrow \cdots
\end{array}$$

où $\tilde{g}_k$ est un isomorphisme simple.

Lorsque $k \geq \{\dim C, \dim C'\}$, on aboutit à la situation stationnaire suivante :

$$C \xrightarrow{\quad i \quad} \underbrace{C \oplus T}_{=E} \xrightarrow{\quad g \quad} \underbrace{C' \oplus T'}_{=E'} \xrightarrow{\quad p' \quad} C'$$

T, T' triviaux; avec $f = p'gi$, et g isomorphisme simple en toute dimension sauf la plus grande, c'est-à-dire n. Alors g_n est un isomorphisme car dans le diagramme commutatif à lignes exactes

$$\begin{array}{ccccccccc}
0 & \longrightarrow & H_n & \longrightarrow & E_n/B_n & \longrightarrow & B_{n-1} & \longrightarrow & 0 \\
 & & \Big\downarrow\wr & & \Big\downarrow & & \Big\downarrow\wr & & \\
0 & \longrightarrow & H'_n & \longrightarrow & E'_n/B'_n & \longrightarrow & B'_{n-1} & \longrightarrow & 0
\end{array} \qquad B_n = B'_n = 0$$

De plus, $\tau(f) = \tau(g) = \pm\,\tau(g_n) = 0$. Ainsi, g est un isomorphisme simple.

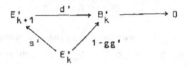

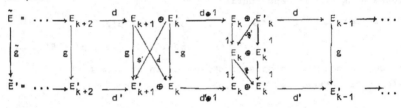

IV. TYPE SIMPLE D'HOMOTOPIE (Théorie géométrique)

Exposé de S. Maumary

1. CW-complexes et homologie cellulaire

(Pour plus de détails le lecteur pourra consulter : HILTON : An introduction to Homotopy Theory, Chap. VII, Cambridge 1961).

Un CW-complexe localement fini K est un espace topologique séparé réunion disjointe de "cellules" e^n telles que

$\overline{e^n} = f(D^n)$ pour une application continue

$f: (D^n, \partial D^n) \longrightarrow (K^n, K^{n-1})$ (K^m = réunion des cellules e^i pour $i \leq m$)

$f|\mathring{D}^n$ étant un homéomorphisme sur e^n et chaque cellule étant contenue dans un sous-complexe fini. Autrement dit K s'obtient par récurrence de la manière suivante

$$K^{n-1} \underset{\text{disjointe}}{\cup} D^n \xrightarrow{\text{canon.}} K^{n-1} \cup_f D^n = K^{n-1} \cup e^n$$

f est dite application caractéristique pour e^n. Ainsi connaissant une application $f : \partial D^n \longrightarrow K^{n-1}$ on peut attacher à K^{n-1} une cellule de dimension n de bord f pour former le nouveau complexe $K^{n-1} \cup_f D^n$ (l'application caractéristique de la nouvelle cellule est

$$D^n \longrightarrow K^{n-1} \cup D^n \longrightarrow K^{n-1} \cup_f D^n \text{) .}$$

Pour des CW-complexes K et L, on a

1) Toute application $f : K \longrightarrow L$ continue admet une approximation cellulaire g (c'est-à-dire que $g(K^n) \subset L^n$) .

2) Si $f \simeq f' : K \longrightarrow L$, elles sont cellulairement homotopes (il existe une homotopie f_t telle que $f_t\,(K^n) \subset L^{n+1}$) .

3) Tout revêtement de K est un CW-complexe.

4) Si une application $f : K \longrightarrow L$ induit un isomorphisme $\Pi_1(K) \longrightarrow \Pi_1(L)$ et un isomorphisme $H(\tilde{K}) \longrightarrow H(\tilde{L})$ ($\tilde{K}$ revêtement universel de K), f est une équivalence homotopique.

A tout complexe K, on associe le système $C(K)$ des groupes $H_n(\tilde{K}^n, \tilde{K}^{n-1})$ (homologie relative singulière à coefficients entiers) muni de la différentielle

$$H_n(\tilde{K}^n, \tilde{K}^{n-1}) \xrightarrow{\partial} H_{n-1}(\tilde{K}^{n-1}) \xrightarrow{j} H_{n-1}(\tilde{K}^{n-1}, \tilde{K}^{n-2})$$

∂ est le bord de la suite exacte associée à $(\tilde{K}^n, \tilde{K}^{n-1})$, j est induit par l'injection canonique.

On sait que l'homologie du système $C(K)$ est égale à l'homologie singulière de $\tilde{K}$. Les groupes $H_n(\tilde{K}^n, \tilde{K}^{n-1})$ sont libres sur $\mathbb{Z}$, ce qui se voit par excision.

2. Passage $K \longrightarrow C(K)$ d'un CW-complexe localement fini à un système avec famille de bases.

$\tilde{K}$ étant un revêtement simplement connexe de K, nous poserons $C_n(K) = H_n(\tilde{K}^n, \tilde{K}^{n-1})$. C'est un $\mathbb{Z}[\Pi_1(K)]$-module à gauche libre (on considère $\Pi_1(K)$ comme le groupe opérant à gauche sur $\tilde{K}$ et induisant 1_K), pour lequel une base naturelle est formée d'une cellule $\tilde{e}^n$ au-dessus de chaque cellule $e^n \in K$. Toutes les bases naturelles engendrent une même $\Pi_1(K)$-famille. Il est clair que $C_n \xrightarrow{d_n} C_{n-1}$ commute avec $\Pi_1(K)$ de sorte que $C(K)$ est un $\mathbb{Z}[\Pi_1(K)]$-système à gauche.

Une application cellulaire $f : K \longrightarrow L$ se relève en une application cellulaire $\tilde{f} : \tilde{K} \longrightarrow \tilde{L}$ (non unique) qui induit une application $C(f)$ de $C(K)$ dans $C(L)$ associée à l'homomorphisme

$f_* : \Pi_1(K) \longrightarrow \Pi_1(L)$ défini par $\tilde{f}$. Toute autre relèvement est de la forme $\alpha\tilde{f}$, $\alpha \in \Pi_1(L)$ ce qui change f_* en σ_α f_* , σ_α étant l'automorphisme intérieur de $\Pi_1(L)$ induit par α .

Si f_o , $f_1 : K \longrightarrow L$ sont deux applications cellulaires homotopes par f_t (qu'on peut supposer cellulaire), soit F_t un relèvement de f_t égal à f_o pour $t = 0$, donc $F_1 = \alpha f_1$, F_o et F_1 induisent des applications homotopes (associées à f_{o*}) donc $\alpha C(f_1) \simeq C(f_o)$, $\sigma_\alpha f_{1*} = f_{o*}$.

En particulier, si l'on pose $C(f) = C(\hat{f})$ pour toute application f continue, où $\hat{f}$ est une approximation cellulaire de f, $C(f)$ est définie à une homotopie près,et isomorphisme simple près.

<u>*THEOREME 1*</u> *: Pour qu'une application continue* $f : K \longrightarrow L$ *soit une équivalence homotopique* $f : K \equiv L$ *, il faut et il suffit qu'elle induise une équivalence homotopique* $C(f) : C(K) \equiv C(L)$.

<u>Preuve</u> : Si $f : K \equiv L$, soit $\tilde{f}$ un relèvement de f, et $\tilde{f}'$ un relèvement de f' (inverse homotopique de f) tel que $\tilde{f}'\tilde{f} \simeq 1_{\tilde{K}}$. Alors $\tilde{f}\tilde{f}' \simeq 1_{\tilde{L}}$ car si

$$\alpha\tilde{f}\tilde{f}' \simeq 1_{\tilde{L}} , \quad \tilde{f}\tilde{f}'\alpha \simeq 1_{\tilde{L}} \Longrightarrow \tilde{f}\tilde{f}' \simeq \tilde{f}\tilde{f}'\ \tilde{f}\tilde{f}'\alpha \simeq 1_{\tilde{L}} .$$

Ainsi $C(f)\ C(f') \simeq 1_{C(L)}$ $\qquad$ $C(f')\ C(f) \simeq 1_{C(K)}$

Réciproquement, si $C(f)$ est une équivalence, f_* est un isomorphisme, ainsi que l'homomorphisme induit par $f : H(\tilde{K}) \longrightarrow H(\tilde{L})$ donc f est une équivalence (voir Hilton, Homotopy theory, p. 113).

Si $f : K \equiv L$, on peut identifier $\Pi_1(K)$ avec $\Pi_1(L)$ par f_* , et l'équivalence homotopique $C(f)$ devient linéaire. On pose alors comme définition de la torsion de f

$$f : \tau(f) = \tau(C(f)) \in W(\Pi_1(K)) .$$

Soit $M(f)$, le cylindre de l'équivalence homotopique f, (supposée cellulaire), c'est-à-dire le quotient de $(K\times I)\cup L$ par l'application

$$(K \times I) \cup L \xrightarrow{\phi} K \cup L \cup (K \times \dot{I})$$

donnée par

$$\phi(x,0) = x, \phi(x,1) = f(x), \phi(x,t) = (x,t), \phi(y) = y$$

$$x \in K\,, \quad y \in L\,, \quad t \in I\,.$$

C'est un CW-complexe qui se rétracte par déformation sur L et $f : K \longrightarrow L$ se scinde $K \xrightarrow{\text{inj.}} M(f) \longrightarrow L$; la deuxième flèche étant une rétraction. Donc $\Pi_r(M,K) = 0$ pour $r \geq 1$, et l'injection de K (resp. L) dans M induit un isomorphisme de $\Pi_1(K)$ (resp. $\Pi_1(L)$) sur $\Pi_1(M)$.

En relevant les équivalences $K \longrightarrow M \longrightarrow L$, on obtient des équivalences $\tilde{K} \longrightarrow \tilde{M} \longrightarrow \tilde{L}$, ainsi une base naturelle de $C(M)$ est obtenue en juxtaposant une base naturelle de $C(K)$ et de $C(L)$ ($e^n \times (0,1)$ identifié à e^n) et le bord dans $C(M)$ est donné par

$$\begin{array}{ccccc} C_n(L) & \oplus & C_{n-1}(K) & \oplus & C_n(K) \\ \downarrow d & \swarrow C(f) & \downarrow -d & \searrow -1 & \downarrow d \\ C_{n-1}(L) & \oplus & C_{n-2}(K) & \oplus & C_{n-1}(K) \end{array}$$

On voit que $C(M)$ mod $C(K)$ est le cylindre de $C(f)$ mod $C(K)$.
Donc $\tau(f) = \tau(C(M,K))$ $(C(M,K) = C(M)$ mod $C(K)$) .

Définition *: Une équivalence homotopique* $f : K \equiv L$ *est dite simple si* $\tau(f) = 0$ *et on note* $f : K \equiv L(\Sigma)$.

On dit que K *et* L *appartiennent au même type simple d'homotopie si et seulement si il existe* $f : K \equiv L(\Sigma)$. *On note alors* $K \equiv L(\Sigma)$.

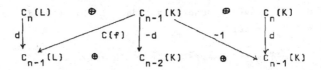

THEOREME 2 : Le type simple d'homotopie est un invariant combinatoire. (En d'autres termes, si $i : K \longrightarrow K'$ *est l'application identique de* K *dans une subdivision* K' *, on a* $\tau(i) = 0$.

Preuve : $(M(i), K)$ est une subdivision de $(M(1_K), K)$ donc

$$C(M(i), K) = C(M(1_K), K) \oplus T$$

(cf. exposé 2) ce qui entraîne $\tau(i) = \tau(1_K) = 0$.

3. Déformations formelles .

Si Q est un sous-complexe de K (à automorphismes) tel que K mod Q admette un système fondamental formé de deux cellules dont la seconde borde la première mod Q, K est appelé une expansion formelle élémentaire de Q. Une suite finie de telles opérations sera appelée expansion formelle, son inverse une contraction formelle. Une suite d'expansions et de contractions formelles sera une déformation formelle.

On notera $K \equiv K'(D)$ la relation d'équivalence : il existe une déformation formelle $(K_i)_{i=0,\dots,n}$ avec $K_0 = K_-$, $K_n = K'$. Pour une telle déformation formelle $F = (K_i)$ on considère alors la classe d'homotopie $[F]$ des applications $K \longrightarrow K'$ contenant une application de la forme $K \longrightarrow K_1 \longrightarrow \dots \longrightarrow K_r = K'$ où la flèche $K_i \longrightarrow K_{i+1}$ indique l'injection si K_{i+1} est une expansion formelle de K_i , une rétraction si K_{i+1} est une contraction formelle de K_i .

On a $[F_2][F_1] = [F_2 F_1]$ $\qquad [F][F^{-1}] = [1]$

THEOREME 3 : Soient K *et* K' *deux CW-complexes connexes, du même type d'homotopie. Pour que* $K \equiv K'(D)$ *, il faut et il suffit que* $K \equiv K'(\Sigma)$ *. L'ensemble des* $[F]$ *pour toutes les déformations formelles* F *est l'ensemble des classes d'homotopie d'équivalences homotopiques simples.*

Preuve : La nécessité est évidente, car si $F : K_i \longrightarrow K_{i+1}$ est une expansion formelle, le cylindre de F mod K_i est le cylindre de l'identité plus un système élémentaire ; l'injection $j : K_i \longrightarrow K_{i+1}$ est une équivalence simple. Donc si $f \in [F]$ $\tau(f) = 0$. Si $g \in [F^{-1}]$, g est un inverse homotopique de f donc est simple. On voit donc que dans les deux cas (F expansion ou contraction formelle) $f \in [F]$ entraîne $\tau(f) = 0$.

Réciproquement soit $\Phi : K \equiv L(\Sigma)$ et P le cylindre de Φ mod K . On a $C(P,K) \equiv O(\Sigma)$. D'autre part, il existe une déformation formelle Q de P rel K telle que

$$Q = K \cup e_1^{n+1} \cup \dots \cup e_s^{n+1} \cup e_1^{n+2} \cup \dots \cup e_t^{n+2}$$

en vertu du lemme 1 ci-dessous . On vient de voir qu'alors

$$C(Q) \equiv C(P) \text{ rel } C(K) \Longrightarrow C(Q,K) \equiv C(P,K) \equiv O(\Sigma) .$$

Or $C(Q,K)$ est de la forme

$$0 \longrightarrow C_{n+2} \xrightarrow{d} C_{n+1} \longrightarrow 0 \longrightarrow \dots \longrightarrow 0$$

donc d est un isomorphisme simple. En particulier $s = t$ et par le lemme 2, Q est une déformation formelle F_1 de K rel K . Donc $P \equiv K(D)$ rel K. Par ailleurs P se contracte toujours formellement sur L : en effet, si $K = K_o \cup e^n$ où e^n est une cellule principale de K ,

$$P = P_o \cup e^n \cup e^{n+1} \qquad (e^{n+1} = e^n \times \mathring{I} \text{ , } P_o \text{ cyl. de } \Phi|K_o)$$

se contracte dans P_o . Par récurrence sur les cellules principales de K , on obtient une contraction $F_2 : P \longrightarrow L$. Donc $P \equiv L(D)$. Enfin $\Phi : K \longrightarrow L$ se scinde en

$$K \xrightarrow{i} P \xrightarrow{r} L .$$

Comme $i \in [F_1]$, $r \in [F_2]$ pour tout r ,$\Phi \in [F_2 F_1]$.

Avant d'aborder la démonstration des lemmes indiqués, faisons quelques remarques.

Supposons qu'on ait deux complexes Q_o, Q_1 formés à partir d'un complexe K en attachant respectivement les cellules e_o^n, e_1^n par deux applications f_o, f_1 : $S^{n-1} \longrightarrow K$ qui sont homotopes par f_t. Alors $Q_o \equiv Q_1(D)$ rel K. Car si e_o^n, e_1^n sont disjointes, le complexe $K \cup e_o^n \cup e_1^n \cup e^{n+1}$ obtenu en attachant à $K \cup e_o^n \cup e_1^n$ une $n+1$-cellule par l'application $g : I^n \times 1 \cup \partial I^n \times I \cup I^n \times 0 \longrightarrow$

$$\longrightarrow K \cup e_o^n \cup e_1^n \qquad \begin{array}{ll} g(x,1) = f_1(x) & g(x,0) = f_o(x) \\ g(y,t) = f_t(y) & x \in I^n \ , \ y \in \partial I^n \end{array}$$

se contracte sur Q_o et Q_1. Si e_o^n, e_1^n se rencontrent, il suffit de former un complexe intermédiaire entre Q_o et Q_1 en attachant à K une cellule e^n qui ne rencontre ni e_o^n ni e_1^n.

Appliquons cela à la situation suivante : on considère un complexe Q^* et un sous-complexe K^* tel que

$$Q^* = K^* \cup e^n \qquad\qquad e^n \cap K^* = \emptyset$$

on suppose que K^* admet une contraction formelle F dans un sous-complexe K. $\partial e_i^n \subset K^*$ peut se ramener dans K par la rétraction $K^* \longrightarrow K$. Donc, par une déformation formelle F' de Q^* rel K on obtient $\partial e_i^n \subset K$. Alors $FF'(Q^*)$ est défini : c'est un complexe Q contenant K tel que $Q - K$ est formé d'une n-cellule, comme $Q^* - K^*$. Nous dirons qu'on a prolongé F à Q^*. De même si F est une expansion formelle : par une déformation formelle F', on peut obtenir que e^n ne rencontre aucune des cellules ajoutées à K^*. Il est permis alors d'ajouter ces dernières à Q^*, c'est-à-dire de prolonger l'expansion.

Plus généralement, si Q^* est un complexe contenant le sous-complexe K^*, toute déformation formelle $K^* \longrightarrow K$ rel K peut être prolongée en une déformation formelle $Q^* \longrightarrow Q$ rel K (c'est-à-dire qu'il y a autant de q-cellules dans $Q - K$ que dans $Q^* - K^*$ pour tout $q \geq 0$).

LEMME 1 : Si le complexe P *connexe et le sous-complexe* K *vérifient* $\Pi_i(P,K) = 0$ $\forall i \geq 1$ *, il existe un complexe* $Q \equiv P(D)$ rel K *tel que*

$$Q = K \cup e_1^{n+1} \cup \ldots \cup e_s^{n+1} \cup e_1^{n+2} \cup \ldots \cup e_r^{n+2}$$

pour n *assez grand* (> dim (P-K) + 3) .

Démonstration : Hypothèse de récurrence : P - K ne contient aucune cellule de dimension $\leq p-1$, (pour $p = 0$, l'hypothèse est vide). Soit

$$f_i : \mathbb{D}^p \longrightarrow \bar{e}_i^p \qquad i = 1,\ldots,s$$

les applications caractéristiques des p-cellules de P-K . On a

$$f_i : \partial\mathbb{D}^p \longrightarrow P^{p-1} = K^{p-1} \subset K$$

donc f_i définit, si $p > 0$ un élément de $\Pi_p(P,K)$. Ce dernier étant nul, il existe une application

$$g : (\mathbb{D}^{p+1}, \mathbb{D}_+^p) \longrightarrow (P^{p+1}, K^p)$$

telle que $g_i | \mathbb{D}_-^p = f_i(\mathbb{D}_+^p, \mathbb{D}_-^p)$ sont les hémisphères nord et sud de $\partial\mathbb{D}^{p+1}$). Le résultat vaut aussi pour $p = 0$, car toute 0-cellule de P - K peut être reliée à une 0-cellule de K par un chemin dans P^1 . Formons l'expansion

$$P^* = P \cup_{g_i} \mathbb{D}^{p+2} = P \cup \varepsilon_i^{p+2} \cup \varepsilon_i^{p+1}$$

(i varie de 1 à s et $\mathbb{D}^{p+1}$ = hémisphère sur $\partial\mathbb{D}^{p+2}$) . Le sous-complexe $K^* = K \cup \varepsilon_i^{p+1} \cup \varepsilon_i^p$ est une expansion simple de K. Il existe alors un prolongement $P^* \longrightarrow Q$ rel K de la contraction formelle $K^* \longrightarrow K$, et Q - K contient autant de q-cellule que P^* - K pour tout q , c'est-à-dire 0 en dimension $\leq p$, et le même nombre que dans P - K en dimension $\geq p + 3$.

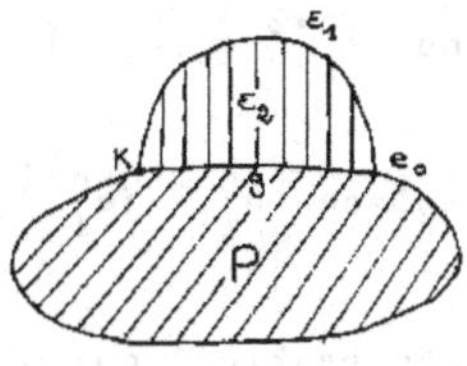

Cela achève l'induction sur p .

Dans ces conditions, le système

$$C(Q,K) : 0 \longrightarrow C_{n+2} \xrightarrow{d} C_{n+1} \longrightarrow 0$$

est acyclique. $C_{n+1} (C_{n+2})$ est le $\mathbb{Z}[\Pi]$-module libre, de base les cellules $\tilde{e}_i^{n+1}$ (resp. $\tilde{e}_i^{n+2}$) $\Pi = \Pi_1(K)$. La torsion du système est donc au signe près celle de la matrice (x_{ij}) donnée par

$$d\tilde{e}_i^{n+2} = \sum_j x_{ij} \tilde{e}_j^{n+1}$$

i = indice ligne

j = indice colonne

LEMME 2 : *Si le système* C(Q,K) *est de torsion nulle,* $n \geq 1$, *et* Q, K *connexes, alors* $Q \equiv K(D)$ rel K .

Preuve : L'hypothèse signifie que (x_{ij}) peut être réduite à la matrice vide par un nombre fini d'opérations du type suivant :

I. Multiplier une ligne (colonne) par ± 1 .

II. Multiplier une ligne (colonne) par $x \in \Pi_1(Q)$ à gauche (à droite).

III. Changer la matrice u en $\begin{pmatrix} u & 0 \\ 0 & 1 \end{pmatrix}$ ou l'opération inverse.

IV. Remplacer une ligne l_i par $l_i + l_j$, $i \neq j$

Chacune des opérations ci-dessus peut se réaliser par une déformation formelle de Q rel K :

I. Q inchangé, mais on prend $\tilde{e}_i^{n+2}$ $(\tilde{e}_i^{n+1})$ avec l'orientation opposée

II. Q inchangé, mais on remplace $\tilde{e}_i^{n+2}$ $(\tilde{e}_i^{n+1})$ par $x\tilde{e}_i^{n+2}$ $(x^{-1}\tilde{e}_i^{n+1})$.

III. Q subit une expansion (contraction) qui ajoute (supprime) deux cellules e_k^{n+2} et e_l^{n+1} telles que
$de_k^{n+2} = e_l^{n+1}$ mod K .

IV. Soit $Q_i = Q - e_i^{n+2}$ pour un certain i . Attachons à Q_i une cellule ε^{n+2} par une application dans la classe d'homotopie

$$\partial e_i^{n+2} + \partial e_j^{n+2} \in \Pi_{n+1}(K \cup e_1^{n+1} \cup \ldots \cup e_s^{n+1}) .$$

D'une part $\partial\varepsilon^{n+2} = \partial e_i^{n+2}$ dans $\Pi_{n+1}(Q_i)$ d'où

$$Q = Q_i \cup e_i^{n+2} \equiv Q_i \cup \varepsilon^{n+2} = Q'(D) \text{ rel } K \cup e_1^{n+1} \cup \ldots \cup e_s^{n+1}$$

D'autre part, on a le diagramme commutatif

$$\begin{array}{ccccc}
C_{n+2}(Q',K) & & \xrightarrow{\quad\quad d \quad\quad} & & C_{n+1}(Q',K) \\
\| & & & & \| \\
\Pi_{n+2}(Q',T) & \xrightarrow{\partial} & \Pi_{n+1}(T) & \longrightarrow & \Pi_{n+1}(T,K)
\end{array}$$

où $T = K \cup e_1^{n+1} \cup \ldots \cup e_s^{n+1}$ et où les isomorphismes verticaux sont ceux de Hurewicz :

$$C_{n+2}(Q',K) \approx \Pi_{n+2}(\tilde{Q}', \widetilde{K \cup e_1^{n+1} \cup \ldots \cup e_s^{n+1}})$$

$$C_{n+1}(Q',K) \approx \Pi_{n+1}(\widetilde{K \cup e_1^{n+1} \cup \ldots \cup e_s^{n+1}}, \tilde{K})$$

(le revêtement $K \cup e_1^{n+1} \cup \ldots \cup e_s^{n+1}$ étant induit par $\tilde{Q}'$, donc simplement connexe puisque $n+2 \geq 3$, et $\tilde{K}$ induit par $\tilde{Q}'$) composés avec les isomorphismes induits par la projection des revêtements. Ainsi, on identifie les images d'une cellule e^{n+2} dans C_{n+2} et Π_{n+2} , et de même celles d'une cellule e^{n+1} dans C_{n+1} et Π_{n+1}. Donc $d\varepsilon^{n+2} = de_i^{n+2} + de_j^{n+2}$.

V. THEOREME DE MAZUR

Exposé de S. Maumary

1. Fibrés vectoriels différentiables.

Un k-fibré vectoriel différentiable est l'objet (E, B, p) formé de deux variétés différentiables E et B, d'une application surjective $p : E \longrightarrow B$ telle que pour tout $x \in B$, $\overset{-1}{p}(x)$ est un espace vectoriel de dimension k et qu'il existe un voisinage U de x pour lequel $\overset{-1}{p}(U)$ est difféomorphe à $U \times \mathbb{R}^k$, le difféomorphisme induisant un isomorphisme des espaces vectoriels $x \times \mathbb{R}^k$ et $\overset{-1}{p}(x)$.

Citons l'exemple des vecteurs tangents à une variété V^n qui forment un n-fibré vectoriel différentiable $\tau(V)$ de base V, la fibre en chaque point $x \in V$ étant l'espace vectoriel tangent à x.

Un morphisme $(E, B, p) \xrightarrow{f} (E', B', p')$ de fibré vectoriel différentiable est une application différentiable $E \xrightarrow{f} E'$ qui induit sur chaque fibre $\overset{-1}{p}(x)$ de E une application linéaire dans une fibre $\overset{-1}{p'}(y)$ de E'. On en déduit une application différentiable $\bar{f} : B \longrightarrow B'$ telle que

$$\begin{array}{ccc} E & \xrightarrow{\quad f \quad} & E' \\ {\scriptstyle p}\downarrow & & \downarrow{\scriptstyle p'} \\ B & \xrightarrow{\quad \bar{f} \quad} & B' \end{array}$$

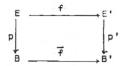

soit commutatif. Par exemple, une application différentiable f d'une variété V dans une variété V' induit une application

des fibrés tangents f_τ telle que

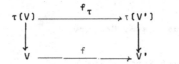

$$\begin{array}{ccc} \tau(V) & \xrightarrow{f_\tau} & \tau(V') \\ \downarrow & & \downarrow \\ V & \xrightarrow{f} & V' \end{array}$$

soit commutatif.

Etant donnée une application différentable f d'une variété B dans la base B' d'un k-fibré vectoriel différentiable (E',B',p'), on peut construire un k-fibré $f^*E'=(E,B,p)$ et une application de fibré $\tilde{f} : E \longrightarrow E'$ telle que

$$\begin{array}{ccc} E & \xrightarrow{\tilde{f}} & E' \\ {\scriptstyle p}\downarrow & & \downarrow{\scriptstyle p'} \\ B & \xrightarrow{f} & B' \end{array}$$

soit commutatif. E est la partie de $B \times E'$ formée des couples (b, e') tels que $f(b) = p'(e')$, p et $\tilde{f}$ sont les projections naturelles. Les fibres de E sont isomorphes à celles de E' .
On vérifie que f^*E' jouit de la propriété universelle suivante : étant donné une application de fibrés

$$(E_1, B, p_1) \xrightarrow{\alpha} (E',B',p')$$

telle que

$$\begin{array}{ccc} E_1 & \xrightarrow{\alpha} & E' \\ {\scriptstyle p_1}\downarrow & & \downarrow{\scriptstyle p'} \\ B & \xrightarrow{f} & B' \end{array}$$

soit commutatif, il existe une application de fibré

$$(E_1, B, p_1) \xrightarrow{\beta} (E, B, p) = f^*E'$$

unique induisant l'identité de la base telle que $\alpha = \tilde{f}\beta$.
Cela caractérise f^*E' à un isomorphisme près : on l'appelle

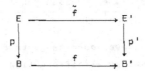

fibré induit de E' par f. Les fibrés vectoriels différentiables de même base forment une catégorie additive : la somme de (E,B,p) et (E',B,p') est définie comme le fibré induit par l'application diagonale $B \longrightarrow B \times B$ du fibré produit $(E \times E', B \times B, p \times p')$. Les morphismes sont ceux qui induisent l'identité de B. Un morphisme est dit injectif (resp. surjectif) s'il l'est sur chaque fibre. On peut définir le coker (ker) d'un morphisme injectif (surjectif) et de plus, si la suite

$$0 \longrightarrow E' \longrightarrow E \longrightarrow E'' \longrightarrow 0$$

est exacte (c'est-à-dire exacte sur chaque fibre), alors $E \approx E' \oplus E''$, E' et E'' étant complémentaires orthogonaux dans E (on peut introduire dans E une métrique qui ne dépende que de la fibre et différentiablement : cela se voit localement et l'on raccorde par une partition de l'unité).

Par exemple, soit $f : V \longrightarrow V'$ une immersion (resp. submersion). Alors f induit une application injective (resp. surjective) $\tau(V) \longrightarrow f^*\tau(V')$ dont le coker est appelé fibré normal $\nu(f)$ à l'immersion (resp. fibré annulé par f).

C'est ainsi que le noyau de l'application $\tau(E) \longrightarrow p^*\tau(B)$ induit par la projection p d'un fibré vectoriel différentiable (E,B,p) est p^*E de sorte que $\tau(E) = p^*\tau(B) \oplus p^*E$.

2. Voisinages tubulaires.

Soit $f : V \longrightarrow V'$ un plongement de variété différentiable. On appelle voisinage tubulaire de f la donnée d'un fibré vectoriel différentiable E de base V et d'un plongement $\phi : E \longrightarrow V'$ sur un ouvert de V' tel que $\phi\xi = f$, ξ = section nulle de E. Un tel voisinage existe si $f(V)$ est fermé : il suffit de voir qu'un voisinage de la section nulle du fibré normal à f est isomorphe à un ouvert de V' par un isomorphisme qui prolonge f. De plus, si l'on munit deux tels voisinages

$$\begin{array}{ccc} E & \xrightarrow{\phi} & \\ & & V' \\ E_1 & \xrightarrow{\phi_1} & \end{array}$$

d'une métrique ne dépendant que de la fibre, ils sont isotopes à un isomorphisme α de fibré près respectant la métrique, c'est-à-dire que ϕ est isotope à $\phi_1\alpha$.

On peut aussi considérer des voisinages tubulaires fermés de $f : V \longrightarrow V'$: on munit E d'une métrique riemannienne ne dépendant que de la fibre, ce qui permet de définir le fibré en boules $E(r)$ formé des vecteurs de E de longueur $\leq r$. Alors $\phi : E(r) \longrightarrow V'$ est un voisinage fermé de f . La propriété d'unicité précédente devient dans ce cas : si

$$E(r) \xrightarrow{\phi} V' \xleftarrow{\phi_1} E_1(r)$$

sont deux voisinages tubulaires de f, il existe un isomorphisme $\alpha : E \longrightarrow E_1$ de fibré respectant la métrique tel que pour $0 < r_1 < r$, $\phi_1\alpha|E_1(r_1)$ soit isotope à $\phi|E(r_1)$. Si V est compacte, l'isotopie est forte.

3. Homotopie tangentielle.

Une équivalence homotopique $\phi : V \longrightarrow V'$ est dite tangentielle si $\phi^*\tau(V') \oplus T \approx \tau(V) \oplus T'$ où T, T' sont des fibrés triviaux sur V .

4. Critère d'isomorphisme.

Pour que deux k-fibrés vectoriels E, E' sur une variété de dimension n, $k > n$ soient isomorphes, il suffit que $E \oplus T \approx E' \oplus T'$ où T, T' sont triviaux.

5. Limites inductives.

Définition : Appelons plongement intérieur ouvert $f : V \longrightarrow W$ *- V, W variétés différentiables à bord - un plongement de V dans W tel que $f(V) \subset \mathring{W}$ et $f(\mathring{V})$ ouvert dans W. (En particulier, l'image par f d'un ouvert est un ouvert, et* $\dim V = \dim W$.)

Considérons une suite infinie de variétés V_i et de plongements intérieurs ouverts f_i , $i \in \mathbb{N}$

$$V_1 \xrightarrow{f_1} V_2 \xrightarrow{f_2} V_3 \xrightarrow{f_3} \cdots$$

Identifions V_i à une sous-variété de V_{i+1} par f_i ce qui donne une suite croissante de variétés $V_1 \subset V_2 \subset V_3 \subset \ldots$. Soit $V_\infty = \bigcup_i V_i$ l'espace topologique dans lequel un ensemble est ouvert si et seulement si $U \cap V_i$ est ouvert dans V_i pour tout i . V_∞ est une variété de même dimension que les V_i : soit $x \in V_\infty$, et j le plus petit indice tel que $x \in \mathring{V}_j$: un voisinage U de x homéomorphe à $\mathbb{R}^n$ dans V_j est homéomorphe au voisinage

$$U \xrightarrow{f_j} f_j(U) \xrightarrow{f_{j+1}} f_{j+1}(f_j(U)) \longrightarrow \cdots$$

de x dans V_∞ . On appelle V_∞ la limite inductive du système (V_i, f_i) formé par les variétés V_i et les plongements f_i , $i \in \mathbb{N}$. Elle ne change pas si on compose un nombre fini de plongements successifs ou si on supprime un nombre fini de variétés au début. Enfin, si on a deux systèmes (V_i, f_i) , (V'_i, f'_i) et des difféomorphismes $\alpha_i : V_i \longrightarrow V'_i$ tels que $f'_i \alpha_i = \alpha_{i+1} f_i$, V_∞ est difféomorphe à V'_∞.

Soient $f : V \longrightarrow W$, $g : W \longrightarrow V$ deux plongements intérieurs ouverts. Les limites inductives

$$V \xrightarrow{f} W \xrightarrow{g} V \xrightarrow{f} W \xrightarrow{g} V \xrightarrow{f} \cdots$$

$$V \xrightarrow{g.f} V \xrightarrow{g.f} V \xrightarrow{g.f} \cdots$$

$$W \xrightarrow{f.g} W \xrightarrow{f.g} \cdots$$

sont égales.

6. Théorème de Mazur.

THEOREME (MAZUR) : Soient (E, M, p) , (E_1, M_1, p_1) *deux* k*-fibrés vectoriels, avec* M, M_1 *variétés différentiables compactes sans bord de dimension* n, *et* $k \geq n+2$. *Si* $\phi : E \longrightarrow E_1$ *est une équivalence homotopique tangentielle des variétés* E *et* E_1 *, alors* E *est difféomorphe à* E_1 .

Une contraction différentiable de E réalise un difféomorphisme de E sur $\mathring{E}(r)$. Nous allons donc montrer que $\mathring{E}(r)$ est difféomorphe à $\mathring{E}_1(r)$ pour $r > 0$.

LEMME : Deux plongements intérieurs homotopes $\sigma : E(r) \longrightarrow E(r)$, $\sigma' : E(r) \longrightarrow E(r)$ *sont fortement isotopes.*

Démonstration : Si ξ est la section nulle de $E(r)$, $\sigma\xi$ est fortement isotope à $\sigma'\xi$ (théorème de Thom). On peut donc supposer $\sigma\xi = \sigma'\xi$ ce qui donne deux voisinages tubulaires de ξ dans $E(r)$. Cela nous ramène au cas où $\sigma|E(r_1) = \sigma'|E(r_1)$ pour $0 < r_1 < r$. Soit $\omega_t : E(r) \longrightarrow E(r)$ une contraction radiale telle que ω_0 = identité, $\omega_1(E(r)) = E(r_1)$. Pour $t > 0$, ω_t est un plongement intérieur. On a $\sigma\omega_1 = \sigma'\omega_1$. Or $\sigma\omega_1$ (resp. $\sigma'\omega_1$) est isotope à σ (σ') par un chemin de plongements intérieurs.

Donc σ, $\sigma' : E(r) \longrightarrow E(r)$ sont isotopes et fortement (car $E(r)$ compact) .

En particulier, supposons que σ et σ' soient ouverts. Alors les limites inductives

$$E(r) \xrightarrow{\sigma} E(r) \xrightarrow{\sigma} E(r) \xrightarrow{\sigma}$$

$$E(r) \xrightarrow{\sigma'} E(r) \xrightarrow{\sigma'} E(r) \xrightarrow{\sigma'}$$

sont difféomorphes car on a successivement

$$\begin{array}{ccc} E(r) & \xrightarrow{\sigma} & E(r) \\ \| & & \wr\!\wr \\ E(r) & \xrightarrow{\sigma'} & E(r) \end{array} \quad \alpha \simeq 1 \qquad\qquad \begin{array}{ccc} E(r) & \xrightarrow{\sigma} & E(r) \\ \alpha\ \wr\!\wr & & \wr\!\wr \\ E(r) & \xrightarrow{\sigma'} & E(r) \end{array} \quad \beta \simeq 1 \quad \text{etc.}$$

Prenons alors le plongement $E(r) \xrightarrow{\sigma} E(r)$ défini par la contraction radiale de $E(r)$ sur $E(\frac{r}{2})$. La limite inductive

$$E(r) \xrightarrow{\sigma} E(r) \xrightarrow{\sigma} E(r) \xrightarrow{\sigma} \dots$$

est difféomorphe à la limite inductive

$$E(r) \xrightarrow{\subset} E(2r) \xrightarrow{\subset} E(4r) \xrightarrow{\subset} \dots$$

qui est E ou $\overset{\circ}{E}(r)$. En conclusion, si $\sigma : E(r) \longrightarrow E(r)$ est un plongement intérieur ouvert homotope à l'identité, la limite inductive

$$E(r) \xrightarrow{\sigma} E(r) \xrightarrow{\sigma} E(r) \xrightarrow{\sigma} \dots$$

est difféomorphe à $E(r)$ (ou $\overset{\circ}{E}(r)$).

Le théorème sera ainsi démontré quand nous aurons réalisé une équivalence homotopique $E(r) \underset{g}{\overset{f}{\rightleftarrows}} E_1(r)$ par des plongements intérieurs ouverts. La construction de f peut se faire comme suit:

$\phi\xi : M \longrightarrow E_1$ est une application différentiable d'une variété compacte sans bord de dim n dans une variété de dim $> 2n$. Pour tout $\varepsilon > 0$, il existe donc une ε-approximation de $\phi\xi$ par un plongement f. Si ε est assez petit, $\phi\xi$ est homotope à f. Alors <u>E est un voisinage tubulaire de f</u> : en effet, par définition du fibré normal, $\nu(f)$ à f , on a $f^*\tau(E_1) = \tau(M) \oplus \nu(f)$

et par ailleurs, $f^*\tau(E_1) = \xi^*\phi^*\tau(E_1)$; ϕ étant une équivalence tangentielle,

$$\phi^*\tau(E_1) \oplus T \approx \tau(E) \oplus T'$$

où T, T' sont des fibrés triviaux sur E. Appliquons ξ^*

$$f^*\tau(E_1) \oplus T \approx \xi^*\tau(E) \oplus T'$$

où T, T' sont considérés comme fibrés triviaux sur M. Mais $\xi^*\tau(E) = \tau(M) \oplus E$ ce qui donne

$$\tau(M) \oplus \nu(f) \oplus T \approx \tau(M) \oplus E \oplus T' .$$

Il existe un fibré F sur M tel que $\tau(M) \oplus F$ soit trivial (par exemple F = fibré normal au plongement de M dans un espace euclidien) d'où finalement

$$\nu(f) \oplus \text{trivial} \approx E \oplus \text{trivial}.$$

La dimension commune des fibres de $\nu(f)$ et E est $> n$. Donc $E \approx \nu(f)$.

Il résulte de là que f se prolonge en un plongement ouvert $f : E \longrightarrow E_1$. Pour $r > 0$, $f(E(r)) \subset \mathring{E}_1(r_1)$ pour un certain nombre $r_1 > 0$, car $E(r)$ est compact. On peut supposer $r = r_1$ car $E_1(r) \approx E_1(r_1)$ d'où enfin un plongement intérieur ouvert $f : E(r) \longrightarrow E_1(r)$ tel que $f\xi = \phi\xi$. De même, on obtient un plongement intérieur ouvert $g : E_1(r) \longrightarrow E(r)$ tel que $g\xi = \phi_1 \xi_1$ (ξ_1 section nulle de E_1 , ϕ_1 inverse homotopique de ϕ). Donc

$$gf\xi \simeq \xi \Rightarrow gf \simeq \text{identité}$$

$$fg\xi_1 \simeq \xi_1 \Rightarrow fg \simeq \text{identité} .$$

A P P E N D I C E

Application : Equivalence stable de variétés.

Etant donnée une équivalence homotopique $\phi : M_1 \longrightarrow M_2$ de variétés différentiables, on dit que M_1 et M_2 sont stablement équivalentes s'il existe un difféomorphisme

$$\Phi : M_1 \times \mathbb{R}^k \approx M_2 \times \mathbb{R}^k$$

tel que

$$\begin{array}{ccc} M_1 \times \mathbb{R}^k & \xrightarrow{\;\;\Phi\;\;} & M_2 \times \mathbb{R}^k \\ \text{proj.}\downarrow p_1 & & \text{proj.}\downarrow p_2 \\ M_1 & \xrightarrow{\;\;\phi\;\;} & M_2 \end{array}$$

soit homotopiquement commutatif.

Pour que deux variétés compactes sans bord de dim n M_1 et M_2 soient stablement équivalentes, il faut et il suffit que ϕ soit une équivalence homotopique tangentielle :

Nécessité :

$$p_1^*(\phi^*\tau(M) \oplus 1^k) = \Phi^*\underbrace{p_2^*(\tau(M_2) \oplus 1^k)}_{\tau(M_2 \times \mathbb{R}^k)} = \tau(M_1 \times \mathbb{R}^k) =$$

$$= p_1^*(\tau(M_1) \oplus 1^k) \quad .$$

Suffisance : ϕ se prolonge trivialement en une équivalence tangentielle $M_1 \times \mathbb{R}^k \xrightarrow{\phi \times \mathrm{id.}} M_2 \times \mathbb{R}^k$. Pour $k \geq n+2$, on applique le théorème de Mazur .

Autre application : Si deux variétés compactes sans bord, M_1 et M_2 de dimension n, homotopiquement équivalentes par $\phi : M_1 \longrightarrow M_2$ sont plongées dans $\mathbb{R}^{n+k}$, $k \geq n+2$ leurs voisinages tubulaires ouverts sont difféomorphes, car ils sont parallélisables :

$$\tau(\nu_1) = p^*\tau(M_1) \oplus p^*\nu_1 = p^*(\underbrace{\tau M_1 \oplus \nu_1}_{\tau(\mathbb{R}^{n+k})}) \quad .$$

VI. THEOREME DE DUALITE POUR LA TORSION ET APPLICATIONS AUX NOEUDS

Exposé de G. de Rham

1. Bref rappel des définitions de la torsion.

Etant donné un groupe G d'automorphismes d'un complexe cellulaire K, agissant librement, et un sous-complexe invariant L de K, K/G étant un complexe fini, nous avons associé à la paire K, L, le $(\mathbb{Z}(G), G)$-système

$$S(K, L) = (C', C'', \partial)$$

et tout homomorphisme θ de $\mathbb{Z}(G)$ dans un anneau A lui fait correspondre un $(A, \theta(G))$-système $_\theta S(K, L)$.

Deux systèmes S_1 et S_2 ont été appelés <u>équivalents</u> s'il existe des systèmes triviaux T_1 et T_2 tels que $S_1 \oplus T_1$ et $S_2 \oplus T_2$ soient isomorphes. On a alors le

<u>*THEOREME*</u> : *Si les paires* K, L *et* K', L' *sont combinatoirement équivalentes, ou si l'une peut être changée en l'autre par une déformation formelle (au sens de Whitehead), les systèmes* $_\theta S(K,L)$ *et* $_\theta S(K', L')$ *sont équivalents (pour tout* θ *).*

(Voir l'exposé de S. Maumary sur la torsion).

Le système S est dit <u>acyclique</u>, si $\text{Ker}\,\partial = \text{Im}\,\partial$ s'il en est ainsi, il existe un opérateur d'homotopie η , tel que $\eta^2 = 0$ et $(\partial+\eta)^2 = \partial\eta+\eta\partial = 1$. Alors $\text{Ker}\,\eta = \text{Im}\,\eta$ est un sous-module supplémentaire de $\text{Ker}\,\partial$, qui détermine η . La restriction de $\partial+\eta$ à C'' est un isomorphisme de C'' sur C' ,

$$\partial+\eta \,|\, C'' : C'' \longrightarrow C'$$

et les matrices qui représentent cet isomorphisme appartiennent à une même classe $\tau(S)$ de Whitehead ; cette classe est un élément du groupe de Whitehead et on l'appellera la <u>W-torsion</u> de S .

Elle n'est définie que pour S acyclique. On a le

THEOREME : La condition nécessaire et suffisante pour que deux systèmes acycliques soient équivalents, c'est qu'ils aient la même W-torsion.

COROLLAIRE : Les classes d'équivalence de systèmes acycliques forment, par rapport à la somme directe ⊕, un groupe isomorphe au groupe de Whitehead. La classe nulle est formée des systèmes triviaux, deux classes sont opposées (leur somme est nulle) si les systèmes de l'une se déduisent des systèmes de l'autre en permutant C' *et* C''.

Si l'anneau A est commutatif, on peut considérer le déterminant des matrices de $\tau({}_\theta S)$; ils ne diffèrent que par des facteurs de la forme $\pm\theta(\gamma)$, où $\gamma \in G$. Ce déterminant est appelé la RF-torsion (torsion de Reidemeister-Franz) du système, et est désigné par $\Delta({}_\theta S)$ ou $\Delta_\theta(K,L)$ si $S = S(K,L)$. D'une manière précise, à cause de ce facteur indéterminé, la RF-torsion est un élément du groupe quotient du groupe de toutes les unités de A par le sous-groupe des unités de la forme $\pm\theta(\gamma)$.

2. Dualité.

Nous considérons dans $\mathbb{Z}(G)$ l'antiautomorphisme $\xi \longrightarrow \overline{\xi}$ tel que, pour tout $\gamma \in G$, $\overline{\gamma} = \gamma^{-1}$. Et si θ est un homomorphisme de $\mathbb{Z}(G)$ dans A , nous supposons donné un antiautomorphisme de A tel que $\overline{\theta(\gamma)} = \theta(\gamma^{-1})$.

Tout A-module à gauche libre C a un dual $C^* = \mathrm{Hom}(C,A)$ que l'on considère comme un A-module à gauche en convenant que si $c \in C$ et $f \in C^*$, $\langle c,f\rangle \in A$ désignant la valeur de f en c , pour $\lambda \in A$, λf est défini par $\langle c,\lambda f\rangle = \langle c,f\rangle\, \overline{\lambda}$. Si h est un homomorphisme de C_1 dans C_2 , son dual h^* est l'homomorphisme de C_2^* dans C_1^* défini par $\langle he, f\rangle = \langle e, h^*f\rangle$.

Nous appellerons <u>dual</u> du système $S = (C', C'', \partial)$ le système $(C'^*, C''^*, \partial^*)$, étant entendu que les bases distinguées de C'^* et C''^* sont les bases duales des bases distinguées de C' et C''.

Soit η l'opérateur d'homotopie d'un système acyclique S , η^* son dual. Le dual de l'isomorphisme

$$\partial + \eta | C'' : C'' \longrightarrow C' .$$

est alors

$$\partial^* + \eta^* | C'^* : C'^* \longrightarrow C''^*$$

et ce dernier est l'inverse de

$$\partial^* + \eta^* | C''^* : C''^* \longrightarrow C'^* \quad .$$

Par suite, <u>si S^* est le dual du système S , les matrices de</u> $\tau(S^*)$ <u>sont les inverses transposées conjuguées de celles de</u> $\tau(S)$. Et cela entraîne $\Delta({}_\theta S^*) = \overline{\Delta({}_\theta S)}^{-1}$.

Supposons maintenant que K est un complexe régulier sur une variété orientable V à n dimensions, avec bord bV, avec toujours le groupe d'automorphismes G . Si a_i^q sont les cellules d'un système fondamental, définissons le produit scalaire des chaînes $c_1^q = \sum \xi_i \, a_i^q$ et $c_2^q = \sum \eta_i \, a_i^q$ en posant $c_1^q \, c_2^q = \sum \xi_i \, \overline{\eta}_i$. Chaque chaîne c_2^q détermine ainsi un homomorphisme $c_1^q \longrightarrow \sum \xi_i \, \overline{\eta}_i$ et l'on a un isomorphisme du A-module des chaînes sur son dual qui permet de les identifier, et l'on notera $\langle c_1^q , c_2^q \rangle$ le produit scalaire. Le dual ∂^* de ∂ est alors noté δ (cobord).

On sait qu'il existe un complexe réciproque K^* de K combinatoirement équivalent à K , formé de cellules b_i^q qui correspondent aux cellules a_i^{n-q} de K et en plus de cellules β_i^{q-1} qui correspondent aux cellules a_i^{n-q} dans bK. En posant

$$b_i^q = \mathcal{D} a_i^{n-q} , \quad \mathcal{D}_1 \, a_i^{n-q} = \beta_i^{q-1} \qquad \text{si} \quad a_i^{n-q} \subset bK$$

et

$$\mathcal{D}_1 \, a_i^{n-q} = 0 \qquad \text{si} \quad a_i^{n-q} \subset bK$$

on a

$$\partial \mathcal{D} = \mathcal{D} \delta + (-1)^q \mathcal{D}_1 \quad .$$

Les cellules β_1^{q-1} étant contenues dans bK* , le bord (mod bK*) satisfait à $\partial\mathfrak{D} = \mathfrak{D}\delta$. Comme $\mathfrak{D}$ conserve ou change la parité de la dimension selon que n est pair ou impair, il résulte de là que S(K*,bK*) est isomorphe ou opposé au dual de S(K), selon que n est pair ou impair.

Mais S(K*,bK*) est équivalent à S(K,bK) puisque K*,bK* et K, bK sont combinatoirement équivalentes. Donc si $_\theta S(K)$ est acyclique, les matrices $\tau({}_\theta S(K,bK))$ sont les transposées conjuguées des matrices de $\tau({}_\theta S(K))$ ou de leurs inverses, selon que n est pair ou impair, et dans le cas où A est commutatif

$$\Delta_\theta(K, bK) = \overline{\Delta_\theta(K)}^{(-1)^{n+1}} .$$

Comme

$$\Delta_\theta(K) = \Delta_\theta(K, bK)\, \Delta_\theta(K)$$

il vient (2.1) $\Delta_\theta(bK) = \Delta_\theta(K)\, \overline{\Delta_\theta(K)}^{(-1)^n}$

égalité qui a lieu au facteur indéterminé près $\pm\,\theta(\gamma)$, $\gamma \in G$. (Reidemeister [2], Milnor [1]).

3. Application. Polynôme d'Alexander.

Dans la suite G sera le groupe cyclique infini avec un générateur désigné par t. $\mathbb{Z}(G)$ est alors l'anneau des polynômes en t et t^{-1} à coefficients entiers. Nous ferons usage de l'homomorphisme injectif θ de $\mathbb{Z}(G)$ dans le corps des fonctions rationnelles de t à coefficients rationnels.

Prenons d'abord la droite $\mathbb{R}$ et la translation $t = (x \longrightarrow x+1)$. Le sommet $a^0 = (x = 0)$ et l'arête $a^1 = (0 < x < 1)$ forment un système fondamental de cellules d'un complexe à automorphismes régulier sur $\mathbb{R}$, que nous désignerons encore par $\mathbb{R}$. On a $\partial a^1 = (t-1)\, a^0$, $\partial a^0 = 0$. Le système $S(\mathbb{R})$ n'est pas acyclique, car $a^0 \in \operatorname{Ker}\partial$ et $a^0 \notin \operatorname{Im}\partial$. Mais $_\theta S(\mathbb{R})$ est acyclique et admet l'opérateur d'homotopie η défini ainsi : $\eta a^0 = \frac{1}{t-1}\, a^1$, $\eta a^1 = 0$. La matrice de $\partial+\eta|C''$ se réduit au seul élément $\frac{1}{t-1}$ de sorte que $\Delta_\theta(\mathbb{R}) = \frac{1}{t-1}$ (au facteur près indéterminé $\pm t^k$).

D'après (2.1), comme $b\mathbb{R}$ est vide, $\Delta_\theta(b\,\mathbb{R}) = 1$ et $n = 1$, on doit avoir $\Delta_\theta(\mathbb{R}) = \overline{\Delta_\theta(\mathbb{R})}\ (\pm t^k)$ ce qui est bien vérifié, la conjugaison changeant simplement t en $\frac{1}{t}$, de sorte que $\overline{\tau(t)} = \tau(\frac{1}{t})$.

Dans le cas d'un produit $\mathbb{R} \times L$, t opérant identiquement sur L, on obtient $\Delta_\theta(\mathbb{R} \times L) = (t-1)^{-\chi(L)}$, $\chi(L)$ étant la caractéristique d'Euler-Poincaré. En particulier pour le cylindre $\mathbb{R} \times S^1$, on a $\Delta_\theta(\mathbb{R} \times S^1) = 1$.

LEMME (MILNOR) : Si K *a un groupe cyclique infini* G *d'automorphismes et si* K/G *a la même homologie que le cercle,* ${}_\theta S(K)$ *est acyclique.*

Prenons en effet un système fondamental a_i^q $(i=1,\ldots,\alpha_q)$ de cellules de K et soit $\partial a_i^q = \sum_{j=1} \varepsilon_{ij}^q(t)\, a_j^{q-1}$ les relations d'incidence, r_q le rang de la matrice $\|\varepsilon_{ij}^q(t)\|$.

Il suffit de montrer que les nombres de Betti $p_q = \alpha_q - r_q - r_{q+1}$ sont tous nuls. Les nombres de Betti de K/G sont donnés par $p'_q = \alpha_q - r'_q - r'_{q+1}$ où r' = rang de $\|\varepsilon_{ij}^q(1)\| \leq r_q$, donc $p'_q \geq p_q$ et par suite $p_q = 0$ pour $q>1$. On a aussi $p_0 = 0$, car K est connexe, toute o-chaîne est homologue à un multiple d'un sommet a^0, et comme $ta^0 \sim a^0$ $(t-1)a^0 \sim 0$ d'où $a^0 \sim 0$ (dans ${}_\theta S(K)$, et non dans $S(K)$). Enfin, la formule d'Euler-Poincaré entraîne $p_1 = 0$.

Prenons maintenant un noeud dans S^3, et soit T un voisinage tubulaire de ce noeud, $\tilde{K}$ un complexe cellulaire sur $S^3 - \mathring{T}$ et K son revêtement cyclique, associé au groupe dérivé $\Pi'(S^3 - T)$ du groupe $\Pi(S^3 - T)$ du noeud, G étant le groupe de ses transformations de revêtement. D'après le lemme, ${}_\theta S(K)$ est acyclique, car K/G a l'homologie d'un cercle. Cherchons sa torsion $\Delta_\theta(K)$.

Par des contractions formelles, $\tilde{K} = K/G$ peut être "collapsé" sur un complexe à 2 dimensions, et l'on peut réduire à 1 le nombre de sommets. Il en résulte que l'on se ramène au cas où K a un système fondamental formé d'un sommet a^0, de 2-cellules a_i^2 $(i = 1,\ldots,n = \alpha_2)$ et d'arêtes a_i^1 $(i = 1,\ldots,n+1 = \alpha_1)$. On a en effet $\alpha_1 = \alpha_2 + 1$ par la formule d'Euler-Poincaré. On peut ensuite trouver une base distinguée A_j $(j = 1,\ldots,n+1)$ du module des 1-chaînes (auquel se réduit C') telle que

$$\partial A_j = 0 \quad (j = 1,\ldots,n) \quad \text{et} \quad \partial A_{n+1} = (t-1)\, a^0 .$$

On a alors les relations

$$\partial a_i^2 = \sum_{j=1}^{n+1} \varepsilon_{ij}(t)\, A_j$$

et comme $\partial^2 = 0$, $\varepsilon_{i(n+1)}(t) = 0$, de sorte que la matrice $\| \varepsilon_{ij}(t) \|$ se réduit à une matrice carrée $n \times n$. Cette matrice est appelée la <u>matrice d'Alexander et son déterminant</u> $\text{dét} \| \varepsilon_{ij}(t) \| = A(t)$ est le <u>polynôme d'Alexander</u> du noeud. En remplaçant t par 1, on obtient la matrice définissant le bord des 2-cellules de $K/G = \tilde{K}$, matrice dont tous les diviseurs élémentaires sont égaux à 1 puisque K est sans torsion (au sens de Poincaré). Donc $A(1) = \pm 1$. Comme $A(t)$ n'est déterminé qu'à un facteur près de la forme $\pm t^k$ (qu'on peut modifier en remplaçant par exemple a_1^2 par $\pm t^k a_1^2$), on peut le normaliser en sorte que son terme de plus bas degré soit de degré 0, c'est-à-dire $A(0) =$ entier fini $\neq 0$ et $A(1) = 1$.

Pour calculer $\Delta_\theta(K)$, il suffit de définir l'opérateur d'homotopie η sur C'' et l'on peut poser

$$\eta a^0 = \frac{1}{t-1} A_{n+1} \qquad \eta a_i^2 = 0 .$$

La matrice de $\partial + \eta \mid C''$ est alors

$\| \varepsilon_{ij}(t) \|$	0
0	$\frac{1}{t-1}$

d'où $\Delta_\theta(K) = \frac{A(t)}{t-1}$. La torsion est égale au polynôme d'Alexander divisé par $t-1$.

Cherchons encore $\Delta_\theta(bK)$. On a $bK = \mathbb{R} \times S^1$ car c'est un revêtement cyclique de la surface d'un tore, donc $\Delta_\theta(bK) = 1$ d'après ce qu'on a vu, bK est un cylindre. La relation (2.1) se réduit alors à $\Delta_\theta(K) = \overline{\Delta_\theta(K)}$ et entraîne

$$A(t) = \pm\ t^m\ A(\frac{1}{t}) \quad .$$

Le polynôme $A(t)$ étant normalisé, m est son degré. Comme $A(1) = 1$, on a le signe $+$ et $A(t)$ est symétrique : les coefficients de t^k et de t^{m-k} sont des entiers égaux. Il en résulte que le degré m de $A(t)$ est pair et le coefficient de $t^{\frac{m}{2}}$ est impair, sinon $A(1)$ serait pair.

D'une manière plus générale, le théorème de dualité entraîne que la matrice $\| \varepsilon_{ij}(t) \|$ et sa conjuguée transposée $\| \varepsilon_{ji}(\frac{1}{t}) \|$ appartiennent à la même classe de Whitehead, et si $A_k(t)$ est le pgcd des mineurs d'ordre $n-k+1$ de cette matrice, ce polynôme $A_k(t)$ supposé normalisé, qui se réduit à $A(t)$ pour $k = 1$, jouit encore des mêmes propriétés et $A_{k+1}(t)$ est un diviseur de $A_k(t)$.

Ces propriétés ont été établies par Seifert [5]. Voir [3] pour une autre démonstration et une étude détaillée de ces polynômes avec de nombreux exemples. La démonstration ci-dessus est de Milnor [1].

4. Un théorème de Fox-Milnor.

Etant donnés deux noeuds C_0 et C_1 , courbes différentiables dans S^3 , disons qu'ils sont FM-équivalents, s'il existe une surface différentiable S plongée dans $S^3 \times I$ où $I = [0, 1]$, homéomorphe à une couronne $I \times S^1$ bordée par $C_0 \times 0$ et $C_1 \times 1$. Le théorème de Fox-Milnor [4] peut alors s'énoncer ainsi:

THEOREME *: Le produit* $A(t)B(t)$ *des polynômes d'Alexander de deux noeuds FM-équivalents est égal au produit de deux polynômes (à coefficients entiers) symétriques l'un de l'autre.*

$$A(t)B(t) = P(t)t^m \, P(\tfrac{1}{t}) \; .$$

Soit $T = S \times D^2$ un voisinage tubulaire dans $S^3 \times I$ de la couronne S bordée par $C_o \times 0$ et $C_1 \times 1$. La variété $S^3 \times I - \mathring{T}$ a l'homologie d'un cercle, soit K un complexe cellulaire sur son revêtement cyclique (associé à $\Pi'(S^3 \times I - \mathring{T})$) admettant le groupe G des transformations de revêtement. C'est un complexe sur une variété à 4 dimensions, de bord $bK = K_o \cup K_1 \cup L$, où K_i est le revêtement cyclique de $S^3 \times i - \mathring{T} \cap (S^3 \times i)$ $(i = 1, 0)$, et $L = S \times \mathbb{R}$ un revêtement cyclique de $S \times bD^2 = S \times S^1$. D'après ce qu'on a vu au no 3, on a, $A(t)$ et $B(t)$ étant les polynômes d'Alexander de C_o et C_1,

$$\Delta_\theta(K_o) = \frac{A(t)}{t-1} \quad , \quad \Delta_\theta(K_1) = \frac{B(t)}{t-1} \quad , \; \Delta_\theta(L) = 1$$

parce que $\chi(S) = 0$. On a aussi $\Delta_\theta(L, bL) = 1$, car $b\,L$ est la réunion disjointe de deux complexes isomorphes à $S^1 \times \mathbb{R}$, d'où

$$\Delta_\theta(bL) = 1 \qquad \text{et} \qquad \Delta_\theta(L, bL) = \frac{\Delta_\theta(L)}{\Delta_\theta(bL)} = 1 \; .$$

Ensuite il vient

$$\Delta_\theta(bK) = \Delta_\theta(bK, K_o \cup K_1) \; . \; \Delta_\theta(K_o \cup K_1)$$

et comme

$$\Delta_\theta(bK, K_o \cup K_1) = \Delta_\theta(L, bL) = 1$$

et

$$\Delta_\theta(K_o \cup K_1) = \Delta_\theta(K_o)\,\Delta_\theta(K_1)$$

on a en définitive

$$\Delta_\theta(bK) = \Delta_\theta(K_o)\,\Delta_\theta(K_1) = \frac{A(t)B(t)}{(t-1)^2}$$

Mais d'après (2.1) , cela est égal à $\Delta_\theta(K) \,.\, \overline{\Delta_\theta(K)}$ (l'exposant $(-1)^n = 1$ puisque $n = 4$) d'où, en posant

$$\Delta_\theta(K) = Q(t)$$

$$A(t)B(t) = \pm t^k(t-1)^2 \, Q(t)Q(\tfrac{1}{t})$$

$Q(t)$ est une fonction rationnelle à coefficients rationnels. La conclusion résulte de là en tenant compte de l'unicité de la décomposition des polynômes rationnels en facteurs irréductibles.

REFERENCES

1. J. MILNOR : A duality theorem for Reidemeister torsion Ann. of Math. 76(1962), p. 136-147 .

2. K. REIDEMEISTER : Durchschnitt und Schnitt von Homotopie Ketten, Monatshefte für Math. 48 (1939) p.226-239.

3. R. CROWELL, R.H. FOX : Introduction to Knot Theory (Ginn and Company, 1963)

4. R.H. Fox and J. MILNOR : Singularities of 2-spheres in 4-space and equivalence of knots. Bull. of Am. Math. Soc., 63 (1957), p.406 .

5. H. SEIFERT : Ueber des Geschlecht von Knoten. Math. Ann. 110 (1934), p.571-572.

VII. LE THEOREME DE BARDEN - MAZUR - STALLINGS

Exposé de M. Kervaire (1)

Soient M, M' deux variétés orientées fermées connexes de même dimension n .

Définition : Un h-cobordisme entre M *et* M' *est une variété orientée, de dimension* n+1 *, telle que*

1) $bW = M' + (-M)$

2) W *se rétracte par déformation sur chacune des composantes connexes de son bord.*

On dira que M *et* M' *sont h-cobordantes s'il existe un h-cobordisme entre* M *et* M' *. C'est une relation d'équivalence.*

Smale [3] a démontré que si M, M' sont des variétés h-cobordantes simplement connexes et si $\dim M = \dim M' \geq 5$ alors M et M' sont difféomorphes (par un difféomorphisme de degré +1).

D'autre part Milnor donne dans [1] un exemple de variétés h-cobordantes qui ne sont pas difféomorphes. Ce sont $L(7,1) \times S^4$ et $L(7,2) \times S^4$ où $L(p,q)$ désigne la variété lenticulaire de dimension 3 de type (p,q) . On a

$$\Pi_1\ (L(p,q)) \approx \mathbb{Z}/_{p\mathbb{Z}} \quad .$$

Soit W un h-cobordisme entre M et M' et soit $\overline{W}$ le revêtement universel de W. Le sous-espace de $\overline{W}$ au-dessus de M s'identifie au revêtement universel de M. ($\Pi_1 M \longrightarrow \Pi_1 W$ est un isomorphisme).

(1) Cet exposé a été publié également dans Comment. Math. Helv. 40 (1965) , p. 31 - 42.

On désignera par $(\overline{W}_t, \overline{M}_t)$ une C^1-triangulation de $(\overline{W},\overline{M})$ relèvement d'une C^1-triangulation de (W,M). Le complexe $C_*(W_t;M_t)$ est acyclique et comme c'est un $\mathbb{Z}[\Pi]$-module libre $(\Pi = \Pi_1 M$ et $\Pi_1 M \approx \Pi_1 W)$, on peut lui associer une torsion $\tau(W,M)$. C'est un élément du groupe de Whitehead $Wh(\Pi)$ de Π. D'après des théorèmes connus $\tau(W,M)$ ne dépend pas de la triangulation t.

__THEOREME__ : Avec les notations ci-dessus, supposons que $\dim W \geq 6$; *alors* W *est difféomorphe à* $M \times I$ *si et seulement si* $\tau(W,M) = 0$. *De plus si* M *et* $\tau_0 \in Wh(\Pi)$ *sont donnés arbitrairement, il existe un h-cobordisme* W *entre* M *et une variété* M' *tel que* $\tau(W,M)=\tau_0$.

La démonstration utilise essentiellement les méthodes de Smale [3].

Il est évident que si W est difféomorphe à $M \times I$, on a $\tau(W,M) = 0$. En effet, on a alors $\overline{W} = \overline{M} \times I$ et $\overline{W}_t$ collapse sur $\overline{M}_t$.

Soit maintenant W un h-cobordisme quelconque entre M et M'. Supposons que $\dim W = n+1 \geq 6$. On a

__LEMME 1__ : Pour tout entier r *tel que* $2 \leq r \leq n-2$ *il existe une décomposition en anses de* W *de la forme*

$$(*) \quad W = M \times I + (\phi_1^r) + \dots + (\phi_\alpha^r) + (\phi_1^{r+1}) + \dots + (\phi_\alpha^{r+1})$$

où (ϕ_i^s) *désigne une anse d'indice* s *(i.e. difféomorphe à* $D^s \times D^{n-s+1}$*) attachée par le plongement* ϕ_i^s *de* $S^{s-1} \times D^{n-s+1}$.

En d'autres termes, on peut éliminer toutes les anses de W en les remplaçant par des anses de deux indices consécutifs.

__LEMME 2__ : Si W *est de la forme* $(*)$ *et si* $\tau(W,M) = 0$ *on a* $W = M \times I$.

On rappelle qu'il existe une décomposition en anses ordonnée de (W,M) , i.e. les anses d'indice $s \leq t$ sont attachées avant les anses d'indice t pour tout couple d'indices (s,t) . Pour démontrer le lemme 1, on élimine successivement les anses d'indices $q < r$ en ne rajoutant que des anses d'indice $q+2$. En appliquant la même méthode à la décomposition duale, on obtient la formule (*).

Notations. Soit

$$W = M \times I + (\phi_1^o) + \ldots + (\phi_{\alpha_1}^o) + \ldots + (\phi_i^q) + \ldots$$

une décomposition ordonnée en anses de W mod M. On désignera par X_q la réunion de $M \times I$ et des anses d'indices $\leq q$. On pose $Y_q = bX_q - M \times (0)$. Autrement dit, Y_q est la composante du bord de X_q à laquelle on attache les anses d'indice $\geq q+1$. (Tout au moins pour $q \geq 1$). L'anse (ϕ_i^q) est difféomorphe à $D^q \times D^{n-q+1}$. On désignera par D_i^q l'image de $D^q \times (0)$ dans l'anse (ϕ_i^q) . De même S_i^{n-q} et D_i^{n-q+1} désignent les images de $(0) \times S^{n-q}$ et $(0) \times D^{n-q+1}$ dans (ϕ_i^q) respectivement.

Elimination des anses d'indice 0 .

Cette opération est facile. Une anse d'indice 0 est un $(n+1)$-disque disjoint de $M \times I$. Comme W est connexe, l'une au moins des anses d'indice 1 joint $M \times I$ au $(n+1)$-disque. Si l'on supprime ces deux anses, on ne change pas W (à un difféomorphisme près). On a ainsi diminué d'une unité le nombre des anses d'indice 0 et le nombre des anses d'indice 1. Après un nombre fini d'opérations il n'y a plus d'anses d'indice 0 .

Elimination des anses d'indice 1 .

On considère

$$X_1 = X + (\phi_1^1) + \ldots + (\phi_{\alpha_1}^1)$$

où $X = M \times I$. Comme $M \times I$ est connexe, X_1 est somme connexe le long du bord de X avec α_1 tores pleins $S^1 \times D^n$. On a donc

$$\Pi_1(X_1) = \Pi_1 M * (x_1, \dots, x_{\alpha_1})$$

où $(x_1, \dots, x_{\alpha_1})$ désigne le groupe libre à α_1 générateurs. Soient $S_1, \dots, S_{\alpha_2}$ des représentants des classes de conjugaison dans $\Pi_1(X_1)$ données par les plongements $\phi_j^2 : S^1 \times D^{n-1} \longrightarrow bX_1$ et soit $\Pi_1(M) = (a_1, \dots, a_s ; R_1, \dots, R_t)$ une présentation de $\Pi_1 M$. Le groupe $\Pi_1(X_2)$ admet alors la présentation

$$\Pi_1(X_2) = (a_1, \dots, a_s, x_1, \dots, x_{\alpha_1} ; R_1, \dots, R_t, S_1, \dots, S_{\alpha_2}) .$$

Comme l'inclusion $X \longrightarrow X_2$ induit un isomorphisme du groupe de Poincaré, on a $x_i = w_i(a_1, \dots, a_s)$ dans $\Pi_1(X_2)$, $i = 1, \dots, \alpha_1$, où w_i est un mot ne contenant que les symboles $a_1, \dots a_s$. Considérons l'élément $x_i w_i^{-1}$ <u>dans</u> $\Pi_1(X_1)$. Comme $\Pi_1 X_1 \approx \Pi_1 Y_1$, il existe un plongement

$$\psi_i : S^1 \times D^{n-1} \longrightarrow Y_1$$

représentant $x_i w_i^{-1}$. On peut supposer

(1) que les images des ψ_i sont disjointes entre elles et disjointes des $\phi_j^2(S_1 \times D^{n-1})$. $j = 1, \dots, \alpha_2$

(2) que $\psi_i(S^1 \times (0))$ coupe S_i^{n-1} (cf notation ci-dessus) transversalement en un seul point, et que $\psi_i(S_1 \times D^{n-1}) \cap S_{i'}^{n-1} = \emptyset$ si $i' \neq i$.

On observe que ψ_i , considéré comme plongement <u>dans</u> Y_2 , est homotope à zéro car $x_i w_i^{-1}$ devient trivial dans $\Pi_1(X_2) \approx \Pi_1(Y_2)$ $(n + 1 \geq 6)$.

Soit (ψ_i^2) l'anse d'indice 2 attachée par ψ_i . On sait que la condition (2) ci-dessus implique :

$$X = X + (\phi_1^1) + \dots + (\phi_{\alpha_1}^1) + (\psi_1^2) + \dots + (\psi_{\alpha_1}^2) .$$

En vertu de la condition (1), on peut former la variété

$$X_1 + (\psi_1^2) + \ldots + (\psi_{\alpha_1}^2) + (\phi_1^2) + \ldots + (\phi_{\alpha_2}^2)$$

et les anses (ψ_i^2) et (ϕ_i^2) commutent. Donc

$$X_2 + (\psi_1^2) + \ldots (\psi_{\alpha_1}^2) = X + (\phi_1^2) + \ldots + (\phi_{\alpha_2}^2)$$

Or, ψ_i est homotope à zéro dans Y_2. Comme $\dim Y_2 = n \geq 5$ $\psi_i |S^1 \times (0)$ est isotope à un plongement canonique dans le voisinage d'un point de Y_2. Après changement de ψ_i en ψ_i' donné par $\psi_i'(x,y) = (x, f(x) . y)$ avec $f : S^1 \longrightarrow SO_{n-1}$, si cela est nécessaire, on peut donc supposer que les anses (ψ_i^2) sont trivialement attachées à X_2. Il en résulte que l'on peut attacher à

$$X_2 + (\psi_1^2) + \ldots + (\psi_{\alpha 1}^2)$$

des anses d'indice 3, disons (ψ_i^3), $i = 1,\ldots,\alpha_1$, telles que

$$X_2 = X_2 + (\psi_1^2) + \ldots + (\psi_{\alpha_1}^2) + (\psi_1^3) + \ldots (\psi_{\alpha_1}^3)$$

On a alors

$$X_2 = X + (\phi_1^2) + \ldots + (\phi_{\alpha_1}^2) + (\psi_1^3) + \ldots + (\psi_{\alpha_1}^3)$$

i.e. les anses d'indice 1 de W ont été éliminées et remplacées par des anses d'indice 3 (en nombre égal aux anciennes anses d'indice 1).

<u>Elimination des anses d'indice q avec</u> $2 \leq q < r \leq n-2$
(r est l'entier arbitraire du lemme 1)

Soit
$$W = M \times I + (\phi_1^q) + \ldots + (\phi_\alpha^q) + (\phi_1^{q+1}) + \ldots$$

une décomposition en anses du h-cobordisme donné entre M et M' avec $2 \leq q < r \leq n-2$ $(\dim W = n+1 \geq 6)$.

On rappelle que X_q désigne la réunion de $M \times I$ avec les anses d'indice $\leq q$, et que $Y_q = bX_q - (M \times \{0\})$ est la composante connexe du bord de X_q à laquelle sont attachées les anses d'indice $\geq q+1$. Soit a_i^q un relèvement de D_i^q dans $\overline{X}_q$, le revêtement universel de X_q qui s'identifie avec le sous-espace de $\overline{W}$ au-dessus de X_q. On identifie a_i^q avec sa classe dans $H_q(\overline{X}_q,\overline{X})$ qui est alors un $\mathbb{Z}[\Pi]$-module libre engendré par les a_i^q.

Soit $f : S^q \longrightarrow Y_q$ un plongement différentiable. Un relèvement de f dans $\overline{X}_q$ représente une classe de la forme $\sum_i x_i a_i^q \in H_q(\overline{X}_q,\overline{X})$ $(x_i \in \mathbb{Z}[\Pi])$ univoquement déterminée à la multiplication par un élément $x \in \Pi$ près.

<u>*LEMME 3*</u> *: Le plongement* $f : S^q \longrightarrow Y_q$ *est isotope dans* Y_q *à un plongement* $g : S^q \longrightarrow Y_q$ *tel que* $g(S^q)$ *coupe* S_j^{n-q} *transversalement en un seul point, et* $g(S^q) \cap S_k^{n-q} = \emptyset$ *pour* $k \neq j$ *si et seulement si les relèvements de* f *représentent* $\pm x a_j^q \in H_q(\overline{X}_q,\overline{X})$ *avec* $x \in \Pi (q < n-2)$.

Supposons ce lemme démontré. On peut alors éliminer les anses d'indice q comme suit :

On prend pour point base de Y_q un n-disque plongé (dans Y_q) disjoint des anses d'indice q. On notera ce disque P. Pour chaque indice k $(1 \leq k \leq \beta)$ on choisit un chemin w_k de P au bord de l'image $\phi_k^{q+1}(S^q \times D^{n-q})$ les chemins w_k étant disjoints et contenus dans $Y_q - \text{int} \bigcup_k \phi_k^{q+1}(S^q \times D^{n-q})$.

Soit $\overline{P}$ un point base de $\overline{X}_q$ au-dessus de P, et soient a_k^{q+1} les relèvements des cellules D_k^{q+1} âmes des anses d'indice $q+1$ déterminés par le point $\overline{P}$, les relèvements des w_k d'origine $\overline{P}$, etc... (cf notations ci-dessus. D_k^{q+1} a pour bord $\phi_k^{q+1}(S^q \times \{0\})$).

On notera d l'opérateur bord $d : H_{q+1}(\overline{X}_{q+1}, \overline{X}_q) \longrightarrow H_q(\overline{X}_q,\overline{X})$. Puisque $(\overline{W},\overline{M})$ est acyclique, d est surjectif. Pour tout index

j $(1 \leq j \leq \alpha)$, il existe donc des $x_{jk} \in \mathbb{Z}[\Pi]$ tels que

$$\sum_k x_{jk}\, d(a_k^{q+1}) = a_j^q$$

(observer que d est un homomorphisme de $Z[\Pi]$-modules) .

Si maintenant on se donne un plongement

$$f : S^q \longrightarrow Y_q - \bigcup_k \phi_k^{q+1} (S^q \times D^{n-q})$$

passant par P , la classe $\overline{f}$ de son relèvement (par $\overline{P}$) est bien déterminée. Je dis que si l'on se donne $x \in \Pi$ arbitrairement et un index $l \in [1,\beta]$, il existe un plongement

$$g : S^q \longrightarrow Y_q - \bigcup_k \phi_k^{q+1} (S^q \times D^{n-q})$$

isotope à f dans Y_{q+1} tel que $\overline{g} = \overline{f} \pm x d(a_l^{q+1})$ où le signe peut encore être choisi à volonté. Il suffit pour obtenir g de déformer f en "tirant" $f(S^q)$ tout d'abord le long d'un lacet représentant x ($\Pi_1 Y_q \approx \Pi$ car $q < n-2$), puis le long du chemin w jusqu'à ce que l'on arrive au voisinage de $\phi_l^{q+1}(S^q \times D^{n-q})$. Ensuite on fait passer $f(S^q)$ par-dessus D_l^{q+1} par isotopie sur $D_l^{q+1} \times S_l^{n-q-1}$ (cf Smale [3]). Après cette opération on obtient un plongement

$$g : S^q \longrightarrow Y_q - \bigcup_k \phi_k^{q+1} (S^q \times D^{n-q})$$

isotope à f sur Y_{q+1} (mais évidemment pas sur Y_q) tel que $\overline{g} = \overline{f} \pm x \,.\, d(a_l^{q+1})$. Il est facile de voir qu'il y a deux façons de faire passer $f(S^q)$ par-dessus D_l^{q+1} qui déterminent les signes + ou - dans cette formule. Par itération de ce procédé, on peut donc modifier $\overline{f}$ par n'importe quel élément de la forme $\sum_k x_k\, d(a_k^{q+1})$ avec $x_k \in \mathbb{Z}[\Pi]$.

Soient alors $\psi_i : S^q \times D^{n-q} \longrightarrow Y_q$ des plongements canoniques (triviaux) disjoints et contenus dans P . On forme

$$X_q + (\psi_1^{q+1}) + \dots + (\psi_\alpha^{q+1}) \quad .$$

Comme ces anses sont triviales, il existe des anses (ψ_i^{q+2}) $i = 1,\dots,\alpha$ telles que

$$X_q = X_q + (\psi_1^{q+1}) + \dots + (\psi_\alpha^{q+1}) + (\psi_1^{q+2}) + \dots + (\psi_\alpha^{q+2}) \quad .$$

On forme $X_{q+1} + \Sigma(\psi_i^{q+1}) + \Sigma(\psi_i^{q+2})$. C'est possible car les images des ψ_i et des ϕ_k^{q+1} sont disjointes). Or sur Y_{q+1} le plongement ψ_i est isotope à un plongement ψ_i^* dont le relèvement représente $0 - \Sigma\, x_{ik}\, d\, (a_k^{q+1}) = a_i^q$, d'après la remarque précédente. On a donc

$$X_{q+1} + \Sigma(\psi_i^{q+1}) = X_{q+1} + \Sigma(\psi_i^*)$$

et, d'après le lemme 3 , on peut supposer que $\psi_i^*\ (S^q \times (0))$ coupe S_i^{n-q} en un seul point (transversalement), et

$$\psi_i^*\ (S^q \times D^{n-q}) \cap S_j^{n-q} = \emptyset \quad \text{pour} \quad j \neq i \ .$$

Il en résulte que

$$X = X + \Sigma(\phi_i^q) + \Sigma(\psi_i^*)$$

et comme les anses (ϕ_k^{q+1}) et (ψ_i^*) commutent

$$X_{q+1} + \Sigma(\psi_i^*) = X + \Sigma(\phi_k^{q+1}) \quad .$$

Il s'en suit

$$X_{q+1} = X_{q+1} + \Sigma(\psi_i^{q+1}) + \Sigma(\psi_i^{q+2}) = X_{q+1} + \Sigma(\psi_i^*) + \Sigma(\psi_i^{q+2})$$

$$= X + \Sigma(\phi_k^{q+1}) + \Sigma(\psi_i^{q+2}) \ .$$

Autrement dit, on a éliminé les anses d'indice q pour les remplacer par des anses d'indice $q+2$.

Reste à démontrer le lemme 3 .

Il est évident qu'une isotopie de f dans Y_q ne change pas la classe son relèvement. D'autre part, si $f(S^q)$ coupe S_j^{n-q}

en un seul point (transversalement) et si $f(S^q) \cap S_k^{n-q} = \emptyset$ pour $k \neq j$, il est clair que $\overline{f} = \pm x a_j^q$ avec $x \in \Pi$.

Réciproquement, soit $f : S^q \longrightarrow Y_q$ un plongement avec $\overline{f} = \pm x a_i^q$. On peut supposer que toutes les intersections de $f(S^q)$ avec les S_i^{n-q} sont transversales. Il est facile de construire un n-disque plongé P dans Y qui a des intersections contractibles non vides avec tous les $\phi_i^q(S^{q-1} \times D^{n-q+1})$. On prendra P pour "point base" de Y_q. On suppose également que $f(S^q)$ rencontre P. Soit $A \in S^q$ tel que $f(A) \in P$. Soient alors Q_i^ν les points de S^q tels que $f(Q_i^\nu) \in S_i^{n-q}$. On peut supposer qu'il existe des q-disques fermés U_i^ν (disjoints) de centre Q_i^ν sur S^q tels que

$$f(U_i^\nu) = D^q \times f(Q_i^\nu) \subset D^q \times S_i^{n-q} = \text{bord de l'anse } (\phi_i^q\ )$$

et aussi que $f(U_i^\nu) \cap P \neq \emptyset$. Soit $A_i^\nu \in bU_i^\nu$ tel que $f(A_i^\nu) \in P$. Pour toute paire d'indices (i,ν) soit u_i^ν un chemin sur S^q, disjoint des int U_j^λ et joignant A à A_i^ν. Alors $f(u_i^\nu)$ est un <u>lacet</u> w_i^ν de Y_q (i.e. un chemin d'origine et d'extremité contenues dans P) représentant un certain élément $x_i^\nu \in \Pi$. Il est clair que

$$\overline{f} = \Sigma_i \Sigma_\nu\ \varepsilon_i^\nu\ x_i^\nu\ a_i^q$$

où $\varepsilon_i^\nu = I\ (f(U_i^\nu),\ S_i^{n-q}) = \pm 1$. Comme $\overline{f} = \pm x a_i^q$ par hypothèse, il en résulte

$$\Sigma_\nu\ \varepsilon_i^\nu\ x_i^\nu = \pm \delta_{ij}\ x \qquad \text{pour tout } i$$

($H_q(\overline{X}_q, \overline{X})$ est un $\mathbb{Z}[\Pi]$-module libre). Il s'en suit que pour tout $i \neq j$, on peut grouper les points Q_i^ν en paires $(Q_i^\lambda\ ,\ Q_i^\mu)$ telles que $x_i^\lambda = x_i^\mu$ et $\varepsilon_i^\lambda = -\varepsilon_i^\mu$. Pour $i = j$, il existe un Q_j^ν, disons Q_j^1 tel que $x_j^1 = x$, et les Q_j^ν avec $\nu > 1$ peuvent être groupés en paires $(Q_j^\lambda\ .\ Q_j^\mu)$ telles que $x_j^\lambda = x_j^\mu$ et $\varepsilon_j^\lambda = \varepsilon_j^\mu$. Il est alors facile de voir que toute paire $(Q_i^\lambda,\ Q_i^\mu)$, même pour $i = j$ peut être éliminée par la méthode de Whitney. En effet, le chemin $(u_i^\lambda)^{-1}\ .\ u_i^\mu$ se projette par f sur $(w_i^\lambda)^{-1} . w_i^\mu$ qui est homotope à zéro dans Y_q et en fait dans $Y_q - \bigcup_k S_k^{n-q}$, (dont le groupe de Poincaré est Π).

Il soustend donc un 2-disque (après qu'on en ait fait un vrai lacet fermé en lui adjoignant un chemin de P le long de S_i^{n-q}) plongé dans $Y_q - \bigcup_k S_k^{n-q}$, et dont l'intérieur peut être supposé disjoint de $f(S^q)$ car $q + 2 < n$. On déforme $f(S^q)$ le long de ce disque par un procédé bien connu dû à Whitney. Le nouveau plongement, isotope à f , ne présente plus la paire de points $(fQ_i^{\lambda}, fQ_i^{\mu})$ de points d'intersection avec S_i^{n-q} . Rien n'est changé aux autres paires $(Q_{i'}^{\lambda'}, Q_{i'}^{\mu'})$. Par récurrence on obtient la conclusion du lemme 3.

Le lemme 1 est ainsi complètement démontré.

Démonstration du lemme 2: Soit W un h-cobordisme entre M et M' de la forme

$$(*) \quad W = M \times I + (\phi_1^r) + \dots + (\phi_\alpha^r) + (\phi_1^{r+1}) + \dots + (\phi_\alpha^{r+1})$$

(le nombre d'anses d'indice r est en effet nécessairement égal au nombre des anses d'indice $r+1$ dans ce cas). Supposons $\tau(W,M) = 0$. On va montrer que les anses d'indice r et $r+1$ se détruisent mutuellement.

On sait que l'on peut calculer la torsion à partir du complexe

$$\dots \longleftarrow 0 \longleftarrow H_r\,(X_r, X) \overset{d}{\longleftarrow} H_{r+1}\,(X_{r+1}, X_r) \longleftarrow 0 \longleftarrow \dots$$

où comme on l'a vu, les deux groupes non nuls sont des $\mathbb{Z}[\Pi]$-modules libres sur $a_1^r, \dots, a_\alpha^r$ et $a_1^{r+1}, \dots, a_\alpha^{r+1}$ respectivement, relèvements des cellules $D_1^r, \dots, D_\alpha^r$ et $D_1^{r+1}, \dots, D_\alpha^{r+1}$ respectivement. On a alors $d(a_i^{r+1}) = \Sigma_j\, x_{ij}\, a_j^q$ et la matrice $x = (x_{ij})$ représente $\tau(W,M)$ par définition.

L'hypothèse $\tau(W,M) = 0$ signifie que l'on peut transformer x en une matrice à une ligne et une colonne formée d'un élément de Π avec signe par une suite finie d'opérations du type :

(1) addition à une ligne d'un $(\pm\Pi)$-multiple à gauche d'une autre ligne ;

(2) $x \Longrightarrow \begin{pmatrix} x & 0 \\ 0 & 1 \end{pmatrix}$

(3) l'inverse de (2).

Il s'agit de montrer qu'à ces opérations correspondent des transformations de la décomposition en anses qui ne changent pas la classe de difféomorphismes de W .

Or nous avons déjà vu que (1) peut être obtenue en passant une anse d'indice $r+1$ par dessus une anse de même indice. (Page 89). L'opération correspondant à (2) est évidente : on ajoute une paire d'anses triviales d'indices r et $r+1$ qui se détruisent mutuellement. Une opération du type (3) signifie que l'on a $d(a_\beta^{r+1}) = a_\beta^r$. On a vu précédemment (démonstration du lemme 3) que l'anse (ϕ_β^{r+1}) est alors isotope à une anse qui se détruit avec (ϕ_β^r) . On en conclut que $W = M \times I$.

Pour démontrer la dernière assertion du théorème, considérons une variété M, $\Pi_1 M = \Pi$ et soit $\tau_0 \in Wh(\Pi)$. Soit $x = (x_{ij})$ une matrice carrée inversible d'ordre α représentant τ_0 .

On attache à $M \times I$, le long de $M \times (1)$,α anses (ϕ_i^r) $i = 1,\dots,\alpha$, d'indice r par des applications

$$\phi_i^r : S^{r-1} \times D^{n-r+1} \longrightarrow M \times (1) \quad \text{triviales} .$$

Soit $X_r = M \times I + \Sigma(\phi_i^r)$. On a

$$bX_r = M \# S^r \times S^{n-r} \# S^r \times S^{n-r} \# \dots \# S^r \times S^{n-r}$$

avec α termes $S^r \times S^{n-r}$.

L'inclusion fournit un homomorphisme (injectif) du $\mathbb{Z}[\Pi]$-module libre engendré par $a_1^r,\dots,a_\alpha^r$ dans $\Pi_r(bX_r)$. On attache alors l'anse (ϕ_j^{r+1}) par un plongement $\phi_j^{r+1} : S^r \times D^{n-r} \longrightarrow bX_r$ représentant l'élément

$\Sigma_j\ x_{ij}\ a_j^r \in \Pi_r(bX_r)$. C'est possible à condition que $r < \frac{1}{2}n$. On vérifie sans difficulté que

$$W = M \times I + \Sigma(\phi_i^r) + \Sigma\ (\phi_j^{r+1})$$

est ùn h-cobordisme entre M et une variété M' et que $\tau(W,M)=\tau_o$.

APPLICATIONS

Soit W un h-cobordisme quelconque entre M et M' avec $\dim W \geq 6$. Alors

(1) $W - M' = M \times [0,\ 1)$

(2) $M \times (0,1) = M' \times (0,1)$

(3) $M \times S^1 = M' \times S^1$ (Cette dernière remarque est due à G. de Rham)

Démonstration : Il est clair que (1) ⇒ (2) , car (1) entraîne $W - M \cup M' = M \times (0,1)$, et on obtient (2) en permutant M et M'.

Pour démontrer (1), soit τ la torsion de (W,M), et soit W' un h-cobordisme entre M' et M'' avec $\tau(W',M') = -\tau$. On a

$$\tau(W \cup W',\ M) = \tau(W,\ M) + \tau(W',\ M') = 0$$

Donc

$$W \cup W' = M \times I \qquad \text{et} \qquad M = M'' .$$

Par suite

$$M \times [0,\infty) = \bigcup_{i=0}^{\infty} M \times [i,\ i+1]$$

$$= \bigcup_{i=0}^{\infty} (W \cup W')_i$$

Où les copies $(W \cup W')_i$, $i = 0,1,\ldots$ de $W \cup W'$ sont collées bout à bout.

Or $\displaystyle\bigcup_{i=0}^{\infty} (W \cup W')_i = W_0 \cup \bigcup_{i=0}^{\infty} W_i' \cup W_{i+1}$

et comme $\tau(W' \cup W,\ M') = 0$ on a également

$$M' \times [0,\infty) = \bigcup_{i=0}^{\infty} W_i' \cup W_{i+1} .$$

On en tire

$$M \times [0,1) = W \cup (M' \times [0,1))$$

d'où (1) en observant que le deuxième membre est difféomorphe à $W - M'$.

Pour démontrer (3) on observe que si W est un h-cobordisme entre M et M' et si N est une variété fermée, alors $W \times N$ est un h-cobordisme entre $M \times N$ et $M' \times N$. De plus, on a la formule

$$\tau(W \times N,\ M \times N) = E(N)\ .\ i_* \tau(W,\ M) \quad ,$$

où $i_* : Wh(\Pi_1 M) \longrightarrow Wh(\Pi_1(M \times N))$ est canonique et $E(N)$ est la caractéristique d'Euler.

Dans le cas $N = S^1$, on a $E(N) = 0$ et (3) résulte du théorème principal.

La démonstration de la formule ci-dessus est facile. On en trouvera un exposé dans l'article de K.W. Kwun et R.H. Szczarba, Product and Sum Theorems for Whitehead Torsion, Ann. of Math.82 (1965), p. 183-190.

COURANT INSTITUTE OF MATHEMATICAL SCIENCES

251 Mercer Street, New-York, N.Y. 10012

BIBLIOGRAPHIE

1. J. MILNOR : Two complexes which are homeomorphic but combinatorially distinct.
Ann. of Math. 74 (1961) p. 575-590.

2. J. MILNOR : Manifolds with finite fundamental groups.
(A paraître)

3. S. SMALE : On the Structure of manifolds.
Amer. J. of Math. 84 (1962), p. 387-399.

VIII. TYPE D'HOMOTOPIE DES ROTATIONS ET DES ESPACES LENTICULAIRES

Exposé de G. de Rham (1960)

1. Rotations.

Soit R une rotation d'ordre fini h de la sphère S^{2n-1}, qui engendre un groupe sans points fixes. Les racines caractéristiques de R sont des racines primitives h-ièmes de l'unité, qu'on désignera par ζ^{m_k} et ζ^{-m_k}, où $\zeta = e^{2i\pi/h}$ et les m_k $(k = 1,\ldots, n)$ sont des entiers premiers à h. A l'aide de coordonnées complexes $z_1,\ldots,z_n$ convenablement choisies dans l'espace R^{2n} contenant S^{2n-1}, les équations de R s'écrivent

$$(1) \qquad R(z_k) = \zeta^{m_k} z_k \qquad (k = 1,\ldots, n) .$$

Nous poserons $z_k = r_k e^{2i\pi\phi_k}$. Supposant S^{2n-1} centrée à l'origine de R^{2n} et de rayon 1, on a $r_k \geq 0$ et $\sum_{k=1}^{n} r_k^2 = 1$.

Nous dirons que les entiers m_k $(k=1,\ldots,n)$ sont les <u>invariants</u> de R. Ils ne sont déterminés que (mod h), à l'ordre près et au signe près. En changeant z_k en $\bar{z}_k$, en effet, m_k est changé en $-m_k$. Toutefois, le changement de l'une des coordonnées en l'imaginaire conjuguée est une transformation qui change l'orientation de S^{2n-1}. Si l'on prend la sphère S^{2n-1} munie d'une orientation déterminée, liée à un système de coordonnées $z_1,\ldots,z_n$, on ne permettra de changer le signe que d'un nombre pair des m_k, de sorte que leur produit sera un entier bien déterminé (mod h).

Soit a_j^{2m-2} l'ensemble des points de S^{2n-1} tels que $r_k = 0$ si $k > m$ et $\phi_m = j/h$, et a_j^{2m-1} l'ensemble des points tels que $r_k = 0$ si $k > m$ et $j/h \leq \phi_m \leq (j+1)/h$. Ces ensembles sont des cellules : a_j^{2m-2} est en effet le "<u>joint</u>" de $m-1$ cercles et d'un point, et a_j^{2m-1} le joint de $m-1$ cercles et d'un segment. On a ainsi h cellules $(j = 0,\ldots, h-1)$ de chaque dimension $(m = 1,\ldots,n)$, qui définissent une subdivision polyèdrale de S^{2n-1} invariante par R .

Soit R' une autre rotation de S^{2n-1}, telle que R'^h se réduise à l'identité. Ses équations sont aussi de la forme (1) avec au lieu des m_k des entiers m'_k que nous appellerons encore les invariants de R' mais qui ne sont plus nécessairement premiers à h, car R' n'engendre pas nécessairement un groupe sans points fixes et ses racines caractéristiques sont des racines h-ièmes de l'unité non nécessairement primitives.

Définition : On appellera application (R,R') toute application continue f de S^{2n-1} en elle-même qui satisfait à

$$f \cdot R = R' \cdot f \quad . \tag{2}$$

Deux applications (R,R') seront dites (R,R')-homotopes s'il existe une application (R,R') dépendant continûment d'un paramètre réel t et se réduisant à l'une pour t = 0 et à l'autre pour t = 1 .

THEOREME 1 : Deux applications (R,R') sont (R,R')-homotopes si elles ont le même degré, et dans ce cas seulement. Pour qu'il existe une application (R,R') de degré d , il faut et il suffit que l'on ait

$$m_1\, m_2 \ldots m_n\, d \equiv m'_1\, m'_2 \ldots m'_n \pmod h \quad . \tag{3}$$

Soit p_k un entier tel que $p_k\, m_k \equiv 1 \pmod h$ $(k = 1,\ldots,n)$. L'application f de S^{2n-1} en elle-même telle que $f(r_k) = r_k$ et $f(\phi_k) = p_k\, m'_k\, \phi_k$ satisfait à (2) , car $f.R(\phi_k) = p_k m'_k \phi_k + m_k p_k m'_{k/h}$ et $R'.f(\phi_k) = p_k m'_k \phi_k + m'_k/h$ et ces deux valeurs sont congrues (mod 1). Le degré de f est égal à $d_o = p_1\, m'_1 \ldots p_n\, m'_n$, car un point dont aucune des coordonnées r_k n'est nulle est l'image par f de $|d_o|$ points exactement, en chacun desquels le jacobien de f n'est pas nul et a le signe de d_o .

En modifiant f seulement au voisinage d'un point P de S^{2n-1}, on sait qu'on peut obtenir une application de S^{2n-1} en elle-même de n'importe quel degré, soit d_o+e. Cette application ne satisfera plus à (2), mais en modifiant f de manière correspondante dans le voisinage de chacun des points qui se déduisent de P par R et ses puissances, on obtient une application qui satisfait à (2) et dont le degré est $d_o+h\,e$. On a ainsi prouvé l'existence d'une application (R,R') de degré d pour tout entier d qui satisfait à (3). Pour achever la démonstration, il suffira de prouver que les degrés de deux applications (R,R') sont toujours congrus (mod h), et que deux applications (R,R') sont (R,R')-homotopes si elles ont le même degré.

Soient f_o et f_1 deux applications (R,R'). Pour qu'elles soient (R,R')-homotopes, il faut et il suffit qu'il existe une application F du produit $S^{2n-1} \times I$ de S^{2n-1} avec l'intervalle $I = (0,1)$, dans S^{2n-1}, telle que

$$(4) \quad F(z,o) = f_o(z)\ ,\ F(z,1) = f_1(z)\ ,\ F(R(z),t) = R'(F(z))\ .$$

Soit K^s le squelette à s dimensions (ensemble des cellules de dimension $\leq s$) de la subdivision polyèdrale de $S^{2n-1} \times I$ formée des cellules $a_j^q \times I$, $a_j^q \times 0$ et $a_j^q \times 1$ $(j = 0,1,\dots,h-1\ ;\ q = 0,1,\dots,2n-1)$. Les conditions (4) déterminent F sur K^o. Supposons qu'on ait pu définir F sur K^s. Si l'on peut étendre sa définition à l'intérieur de $a_o^s \times I$, elle sera déterminée par (4) sur K^{s+1}, car le groupe engendré par R permute d'une manière transitive les h cellules a_j^s $(j = 0,1,\dots,h-1)$. Cela est toujours possible si $s < 2n-1$, de sorte qu'on pourra toujours définir F sur K^{2n-1}. Désignons par F_j sa restriction au bord de $a_j^{2n-1} \times I$. Pour qu'on puisse étendre la définition de F à l'intérieur de $a_o^{2n-1} \times I$, et par suite à $K^{2n} = S^{2n-1} \times I$, il faut et il suffit que le degré de F_o soit nul. Or, comme la somme des bords des cellules $a_j^{2n-1} \times I$ $(j = 0,1,\dots,h-1)$, orientées comme $S^{2n-1} \times I$, est égale au cycle

$S^{2n-1} \times 1 - S^{2n-1} \times 0$, dont l'image par F est $f_1(S^{2n-1}) - f_o(S^{2n-1}) = (d_1 - d_o)S^{2n-1}$, où d_1 et d_o sont les degrés de f_1 et f_o , la somme des degrés des F_j est égale à d_1-d_o. Mais en vertu de la dernière condition (4) , les F_j onttoutes le même degré d que F_o , de sorte que $d_1 - d_o = hd$. Ainsi d_1 et d_o sont toujours congrus (mod h) , et si $d_1 = d_o$, le degré d de F_o étant nul, on peut définir F sur K^{2n} et f_o et f_1 sont (R,R')-homotopes.

CQFD

2. Type d'homotopie des espaces lenticulaires.

L'espace quotient de S^{2n-1} par le groupe sans points fixes et cyclique d'ordre h engendré par une rotation R est une variété L appelée un espace lenticulaire (Linsenraum, lens-space). Nous dirons que h est l'ordre de L . Le système de coordonnées $z_1,\dots,z_n$ à l'aide duquel les équations de R s'écrivent sous la forme (1) détermine une orientation de L, c'est-à-dire une base c du groupe d'homologie à coefficients entiers $H_{2n-1}(L)$, et à R correspond une base g du groupe fondamental $\Pi_1(L)$. Ainsi, la donnée des invariants $m_1,\dots, m_n$ de R détermine, en même temps que L, les bases c de $H_{2n-1}(L)$ et g de $\Pi_1(L)$.

Supposons que les invariants $m'_1,\dots,m'_n$ de R' soient aussi premiers à h , soit L' l'espace lenticulaire qu'ils déterminent, c' et g' les bases analogues à c et g . Une application F de L dans L' change c et g en $F(c) = d\,c'$ et $F(g) = g'^a$, où d est le degré de F et a un entier (mod h) qui caractérise l'homomorphisme de $\Pi_1(L)$ dans $\Pi_1(L')$ induit par F . Cette application possède un relèvement f qui est une application (R,R'^a) de degré d . Inversément, toute application (R,R'^a) est le relèvement d'une application F de L dans L' telle que $F(g) = g'^a$. Deux applications F_o et F_1 de L dans L' , telles que $F_o(g) = F_1(g) = g'^a$, sont homotopes si leurs relèvements sont (R,R'^a)-homotopes, donc, en vertu du théorème 1, si elles ont le même degré. Il est clair enfin que si R' est définie par les formules (1) avec m'_k au lieu de m_k, R'^a est définie par ces mêmes formules avec $a\, m'_k$ au lieu de m_k. Le théorème 1 entraîne alors le suivant :

<u>*THEOREME 2*</u> *: Soient* L *et* L' *les espaces lenticulaires orientés d'ordre* h *à* 2n-1 *dimensions déterminés par les rotations* R *et* R' *d'invariants* m_k *et* m'_k $(k = 1,2,\ldots,n)$ *, et soient* g *et* g' *les bases de* $\Pi_1(L)$ *et* $\Pi_1(L')$ *correspondant à* R *et* R' *. Deux applications* F_0 *et* F_1 *de* L *dans* L' *sont homotopes si elles ont le même degré et satisfont à* $F_0(g) = F_1(g)$ *, et dans ce cas seulement. Pour qu'il existe une application* F *de* L *dans* L' *de degré* d *telle que* $F(g) = g'^a$ *, il faut et il suffit que*

(5) $$d m_1 m_2 \ldots m_n \equiv a^n m'_1 m'_2 \ldots m'_n \pmod h \ .$$

Supposons que (5) soit vérifiée avec $d = +1$ ou -1 et un certain entier a, et soit b tel que $a\, b \equiv 1 \pmod h$. On a alors $d\, m'_1 m'_2 \ldots m'_n \equiv b^n m_1 m_2 \ldots m_n \pmod h$, et le théorème 2 entraîne l'existence de deux applications $F : L \longrightarrow L'$ et $G : L' \longrightarrow L$, de même degré $d = +1$ ou -1, telles que $F(g) = g'^a$ et $G(g') = g^b$. Les applications composées $G\circ F : L \longrightarrow L$ et $F\circ G : L' \longrightarrow L'$ sont alors de degré $+1$ et satisfont à $G\circ F(g) = g$ et $F\circ G(g') = g'$, elles sont par suite homotopes à l'identité. Ainsi :

<u>*THEOREME 3*</u> *: Pour que les espaces lenticulaires* L *et* L' *d'ordre* h *à* 2n-1 *dimensions définis par les rotations* R *et* R' *d'invariants* m_k *et* m'_k $(k = 1,\ldots,n)$ *aient le même type d'homotopie, il faut et il suffit qu'il existe un entier* a *satisfaisant à la congruence* (5) *avec* $d = +1$ *ou* -1 .

Disons que deux variétés orientées V et V' ont le même <u>type d'homotopie orienté</u>, s'il existe deux applications $f : V \longrightarrow V'$ et $g : V' \longrightarrow V$ <u>de degré + 1</u>, telles que $f \circ g$ et $g \circ f$ soient homotopes à l'identité. Nous pouvons alors ajouter au théorème 3 le complément suivant :

Pour que les espaces lenticulaires L *et* L' *aient le même type d'homotopie orienté, il faut et il suffit qu'il existe un entier* a *satisfaisant à la congruence* $m_1 m_2 \dots m_n \equiv a^n m'_1 m'_2 \dots \dots m'_n \pmod{h}$.

Les résultats exposés ci-dessus sont dus à M. Rueff et W. Franz. Voir :

W. FRANZ : Abbildungsklassen und Fixpunktklassen dreidimensionaler Linsenräume (Journal für die reine und ang. Math., 185 (1943), p. 65-77)

M. RUEFF : Beiträge zur Untersuchung der Abbildungen von Mannigfaltigkeiten (Compositio Math. 6, (1938), p. 161-202)

G.DE RHAM : Sur les conditions d'homéomorphie ... (etc) (Colloque de Topologie algébrique, CNRS, Paris (1947), p. 87-95) .